短视频拍摄与编辑
综合案例从新手到高手

高天方 编著

清华大学出版社

北京

内 容 简 介

本书深入探讨了利用智能手机和微单相机进行短视频制作的专业知识,详尽地阐述了在短视频拍摄过程中所需的硬件和软件,以及摄影师如何运用灯光、麦克风等辅助设备。在探讨拍摄技巧时,本书特别强调了针对人物、风光、静物等不同类别的短视频,如何调整拍摄参数和构图技巧,并详细解释了拍摄细节和光线运用策略。在短视频的后期处理方面,本书以剪映专业版为工具,通过众多实例,重点讲解了视频剪辑以及音频、字幕、色彩校正的处理方式。

全书内容全面而系统,逻辑清晰,易于理解。除了必要的理论说明,书中还提供了图文并茂的步骤指导,使读者能够轻松且迅速地进行实操练习。为了提升学习效率,作者还精心录制了所有案例的教学视频,供读者参考学习。

本书适合作为高等学校新媒体类专业、电子商务类专业的教材,也适合短视频制作爱好者、自媒体从业者,以及新媒体平台的运营人员、短视频电商用户、个体商家等阅读。

图书在版编目(CIP)数据

短视频拍摄与编辑综合案例从新手到高手 / 高天方编著 . -- 北京:清华大学出版社,2025. 7.
ISBN 978-7-302-69671-1

Ⅰ. TB8;TN948.4

中国国家版本馆 CIP 数据核字第 20258VV265 号

责任编辑:袁勤勇　薛　阳
封面设计:刘　键
责任校对:刘惠林
责任印制:丛怀宇

出版发行:清华大学出版社
　　　　网　　　址:https://www.tup.com.cn,https://www.wqxuetang.com
　　　　地　　　址:北京清华大学学研大厦 A 座　　　　邮　　编:100084
　　　　社 总 机:010-83470000　　　　邮　　购:010-62786544
　　　　投稿与读者服务:010-62776969, c-service@tup.tsinghua.edu.cn
　　　　质量反馈:010-62772015, zhiliang@tup.tsinghua.edu.cn
　　　　课件下载:https://www.tup.com.cn, 010-83470236
印 装 者:三河市铭诚印务有限公司
经　　销:全国新华书店
开　　本:185mm×260mm　　　印　　张:14.5　　　字　　数:335 千字
版　　次:2025 年 7 月第 1 版　　　印　　次:2025 年 7 月第 1 次印刷
定　　价:59.00 元

产品编号:103529-01

前　言　▶

随着智能手机功能的日益强大，手机已经成为我们记录生活瞬间的重要工具，短视频的兴起更是彻底改变了人们的视觉和听觉体验。短视频为参与者提供了广阔的创作空间，逐渐演变成一种全新的社交方式。经过近年来的迅猛发展，短视频不仅成为人们探索世界、追求美好生活的窗口，也为品牌塑造和内容传播开辟了新途径。掌握短视频的拍摄、制作及后期处理，对个人和企业而言都是一项重要技能。

为了创作出高品质的短视频作品，必须掌握一定的技术和方法。而高级的软硬件设备能够显著提升创作者的工作效率，帮助其制作出独特且高质量的视频内容。这也是在本书中，我们选择微单相机和剪映专业版作为主要创作工具的原因。本书旨在帮助短视频制作爱好者深入理解短视频制作的基本流程和技巧，以提升他们的短视频制作质量和水平。

本书全面介绍了利用手机、微单相机和剪映专业版进行短视频创作的全过程，内容包括短视频的制作流程、发布平台的选择、拍摄技巧、构图和光线运用，以及剪辑、配音、字幕添加和色彩调整等方面。

全书分为三部分，共 10 章，将围绕以下内容展开。

第一部分（第 1 章和第 2 章）：介绍短视频的制作流程和发布平台。

在这一部分，我们将探讨短视频的概念、分类及其平台，涵盖如何策划吸引人的内容、如何发挥个人优势创作短视频、如何组建团队以及策划和发布短视频。了解这些理论知识，能够帮助你的短视频更易于吸引观众并取得成功。

第二部分（第 3~6 章）：短视频拍摄技巧。

这一部分将通过人物、风景、静物等不同主题的实践操作介绍手机和微单相机的使用技巧以及短视频拍摄的技巧。这些技巧将使你的短视频更具特色和个性化，同时帮助你更好地表达创意。

第三部分（第 7~10 章）：短视频编辑技巧。

在这一部分，我们将详细介绍剪映专业版的使用方法，并通过丰富的案例来学习软件操作。你将学会如何使用剪映专业版进行短视频的剪辑、配音、字幕添加和调色，甚至制作特效动画。

本书的所有案例都配有视频讲解，我们希望读者在学习过程中结合视频教程，保持耐心和热情，不断探索和实践，相信每位读者都能够创作出令人赞叹的短视频作品。祝愿大家在短视频创作的道路上越走越远，取得更大的成就！

本书由长沙师范学院的高天方老师编写，内容翔实、结构清晰、实用性强，适合作为视频剪辑相关教材。由于作者能力所限，书中难免存在错误或遗漏。在感谢您选择本书的同时，我们也期待您提出宝贵的意见和建议。

编　者
2025 年 1 月

目 录 ▶

第 1 章

短视频概述

短视频，这个词在近年来越来越频繁地出现在我们的生活中，它也被人们亲切地称为短片视频。这是一种新兴的互联网内容传播方式，它的出现是随着新媒体行业的不断发展应运而生的。与传统的视频相比，短视频具有许多独特的特点。首先，它的生产流程简单，不需要复杂的设备和专业的技术，只需要一部手机就可以轻松制作。其次，短视频的制作门槛低，任何人都可以尝试制作，这使得更多的人有机会参与到视频创作中。

1.1 短视频的发展

短视频比直播更具有传播价值。因为短视频可以随时随地观看，不受时间和地点的限制，而且短视频的内容更加精练，更容易吸引人们的注意力。因此，短视频深受视频制作爱好者和新媒体创业者的喜爱。

1.1.1 短视频的特点

短视频的制作门槛相对较低，这得益于技术的进步和平台工具的普及。在传统视频拍摄领域，通常需要细致的分工和团队合作，个人独立完成一部作品的难度较高。然而，短视频的出现极大地降低了这一门槛，使得用户无须经过专业训练即可上手制作。无论是几十秒的生活小片段，还是几分钟的工具小技能，甚至是一个简短的自拍视频，都可以进行上传。这为创作者提供了更多的机会和自由度，促进了创意的表达和信息的传播。

短视频的时长相对较短，通常保持在 5 分钟以内。由于时间限制，视频的整体节奏较快，内容一般比较紧凑和充实，观众可以在碎片化时间内快速获取信息和娱乐，这也是短视频受欢迎的原因之一。

短视频的内容多种多样，大多数都贴近日常生活，用户可以根据自己的兴趣选择上传内容。通过记录生活中的琐碎片段或传递实用、有趣的内容，观众更容易产生代入感，也更愿意利用碎片化时间随意观看。这种亲近感和互动性使得短视频成为一种流行的社交媒体形式。

随着短视频的流行，越来越多的视频平台开始重视短视频领域，类似抖音、快手等专注于短视频创作的应用程序不断增加。这些短视频应用程序不仅具备丰富的自定义编辑功能，还支持创作者将视频实时分享到微信、微博和朋友圈等社交平台。图 1.1 所示为各种不同的手机短视频发布、制作和传播平台，这些平台为创作者提供了更广阔的舞台，也为观众提供了更多的选择和交流机会。

短视频凭借其低门槛、短时长度和内容多样性的特点，赢得了广泛用户群体的喜爱和追捧。它不仅颠覆了传统视频制作的模式，还为大众带来了更加便捷和有趣的娱乐体验。随着技术的持续进步和用户需求的不断演变，短视频领域预计将继续扩展和壮大，成为社交媒体生态中不可或缺的一部分。

1.1.2 短视频与长视频的区别

短视频是在长视频演变过程中逐渐衍生出的一种新形式。尽管短视频和长视频之间存在诸多相似之处，但随着短视频的持续进化，它已经逐步塑造出了独有的特征。这些特征赋予了短视频在运营成效上相较传统长视频显著的优势，使其能够在单位时间内达到更为卓越的效果，并带来更加丰厚的收益。

1. 碎片化时段的充分利用

在短视频尚未盛行的时期，大众接触到的视频内容通常是电视台和网站上的原创节目，如《最强大脑》《挑战不可能》等。这些节目的时长通常超过半小时，因此为了吸引收视率，它们往往选择在晚上 8 点至 10 点的"黄金时段"播出。在这个时间段，大多数人已经下班回家，全家人聚在一起休息，共同观看较长的视频节目成为一种流行的休闲方式，如图 1.2 所示。此外，商家们倾向选择收视率高的视频节目投放广告，以获得产品的广泛曝光，广告费成为视频制作团队的主要收入来源之一。家庭成员一起吃饭、看电视、讨论广告内容，这些活动共同构成了当时视频生态的一部分。

图　1.1

图　1.2

随着科技的进步和社交媒体的普及化，短视频逐渐转变为人们获取信息和娱乐的重要途径。与传统长视频相比，短视频提供了更加灵活方便的观看体验，人们可以随时随地通过手机或平板电脑观看短视频，无须等待长时间的视频加载或搜索感兴趣的内容。这种碎片化的观看模式非常契合现代人快节奏的生活，并满足了他们对即时满足的需求。

此外，短视频还具备更强的互动性和社交属性。观众可以通过点赞、评论和分享等方式与视频内容进行互动，与其他用户交流和讨论。这种互动性不仅增强了观众的参与度和忠诚度，也为创作者提供了更多反馈和改进的空间。同时，短视频平台为用户提供了丰富的社交功能，用户可以关注喜欢的创作者、加入兴趣小组、参与挑战活动等，与其他用户建立联系并分享创作成果。

再者，短视频拥有更为精准的个性化推荐能力。通过分析用户的观看历史、兴趣偏好和行为数据，短视频平台能够为用户推荐符合其喜好的内容，提供定制化的观看体验。这种个性化推荐不仅提升了用户满意度，也为创作者开拓了更多展示作品的机会。

短视频的兴起可以说是对传统视频生态的一次彻底颠覆。根据一项调查显示，在中午休息时间、晚上回家后以及临睡前，用户观看短视频的比例最高，分别达到了 57.4%、56.6% 和 54%。此外，通勤途中和如厕时也是用户观看短视频的重要时段，这一点从图 1.3 中可以清晰地看出。因此，我们可以得出结论，短视频并没有一个固定的"黄金时段"，而是主要填补了用户碎片化时间的空白，实现了对这些零散时刻的有效利用。

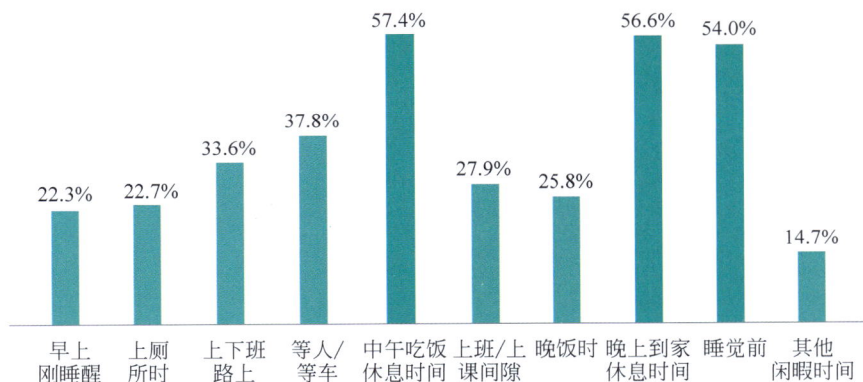

图　1.3

2. 时间短，黏性强，越刷越停不下来

为了有效利用用户的碎片化时间，短视频的时长需严格控制，确保用户在有限的时间内能够观看完整内容，以提供满意的观看体验。

与此相对，长视频的制作需要投入更多精力。观众在观看过程中会经历"起承转合"的体验，其节奏宛如一条渐进上升且波折连连的曲线。长视频需要通过一定的情节铺垫来将观众情绪推向高潮，如图 1.4 所示。短视频由于时长短，具有迅速吸引和快速结束的特性。观众可以不断在不同的短视频间切换，直至找到心仪内容，这一行为通常被称作"刷视频"。这样的观看模式使得观众情绪持续处于高涨状态，唯一可能分散注意力的时刻便是在不同视频间切换的间隙，如图 1.5 所示。

为了实现我们的目标，短视频需要在两个关键方面做出努力。首先，我们必须确保视频时长简短，避免产生类似连续短剧的效果。每个短视频都应具备自包含的完整性，能够在短时间内传递清晰的主题，而不应过度延展情节。只有这样，我们才能凸显短视频区别于传统媒体的独特吸引力和魅力。

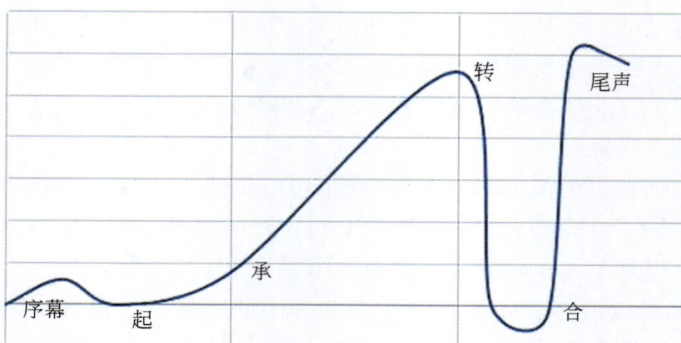

图　1.4

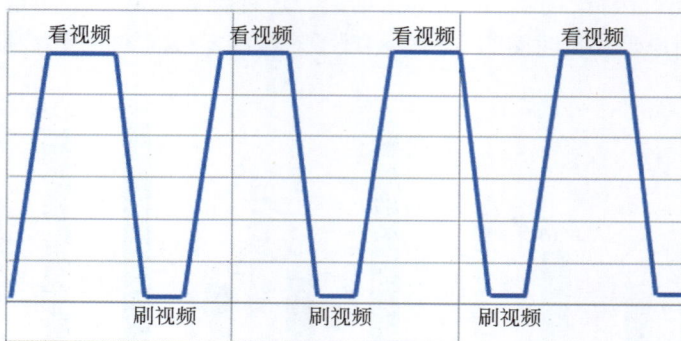

图　1.5

其次，考虑到在有限的时长内完整表达内容的需求，短视频制作者必须加快叙事节奏。为了不让快节奏剧情引起观众的不适，还需融入更多的创意元素，以持续吸引并保持观众的兴趣和参与度。通过精心编排和巧妙构思，我们可以在短视频中创造引人入胜的故事和情节，以此捕获观众的注意力并激发共鸣。

3. 拥有大批的 UGC 来源

UGC，即 User Generated Content（用户生成内容），是互联网领域的一个关键术语，指的是用户自主创作和分享的内容。在当前的数字化时代，UGC 已成为互联网内容不可或缺的一部分，覆盖了各种形式和多个领域。

短视频与长视频是两种不同的内容格式，它们在制作难度和内容展示上有显著差异。长视频的制作过程通常较为复杂，需要完善的剧本和大量的前期准备。这些工作包括剧本撰写、场景布置、角色设定等，很多环节还需要专业技能才能完成，因此长视频的制作往往耗费更多时间和精力。

相较之下，短视频的制作过程则更为简便。它不需要特别的训练即可上手，这让更多的用户能够参与到 UGC 的创作中。随着短视频制作工具和技术的广泛普及，用户能随时随地记录和分享生活瞬间、创意与想法。这种易用性为短视频提供了庞大的 UGC 来源，如图 1.6 所示。

作为互联网领域的一个术语，UGC 凸显了用户原创内容的价值。短视频和长视频在

图　1.6

制作难度和呈现形式上虽有不同，但都极大地丰富了 UGC 的范畴。无论是长视频还是短视频，它们都是用户表达自我和分享生活经历的重要渠道，同时也是推动互联网内容创新与发展的关键动力。

PGC，Professional Generated Content，指的是专业用户创造的内容。以读者为例，如果其拍摄的视频被视频创新公司看中，并加入该公司成为团队一员，共同负责制作某个视频节目，其流程与电视节目生产相似，只是最终发布在网络视频平台上，这便是 PGC 的实例。

MCN，Multi-Channel Network，是一种多频道网络的运营模式。它主要扮演中介角色，上游连接高质量内容创作者，下游寻找适合的推广平台进行内容变现。在中国特有的互联网环境中，MCN 经过不断演变，已经发展出与 UGC 和 PGC 有明显区别的特征。从 UGC 到 PGC 再到 MCN，短视频内容的生产方式在短短几年间经历了从草根创作到小规模工作室，再到工业化生产的快速进化。

4. 更新速度快，盈利周期短

短视频的时长短，这允许它们在较短时间内传达丰富信息和内容。制作过程较为简易，使得创作者能够高效地完成视频生产和编辑。因此，短视频可以迅速更新，迎合观众对新内容的需求。短视频的更新频率可能是每日甚至每小时，如图 1.7 所示。

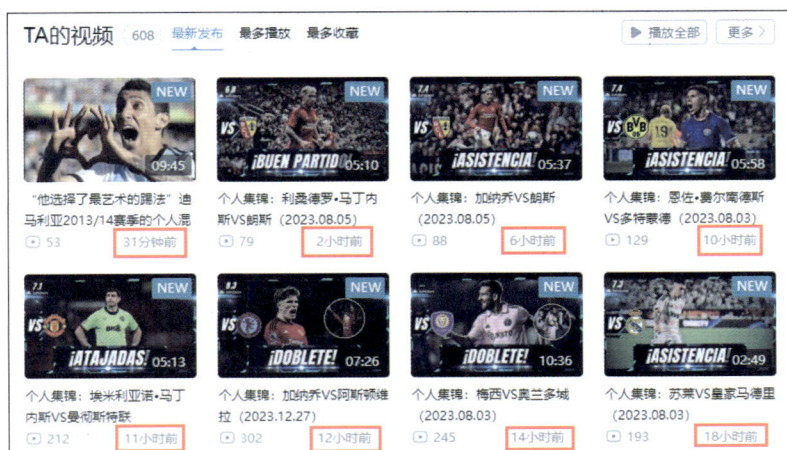

图　1.7

短视频的快速更新频率在产品营销领域具有显著优势。对于追求高频率曝光以吸引目标客群的产品而言，短视频成为一种高效的营销方式。通过频繁发布短视频，品牌可以持续抓住用户眼球，从而提高品牌的可见度和认知度。

相较之下，长视频的更新周期通常较长，可能几周才更新一次。这限制了长视频的传播速度和影响力。由于长视频的制作和编辑通常需投入更多时间和精力，它们无法像短视频那样迅速扩散并捕获观众兴趣，这也暗示了长视频在盈利潜力上可能存在一些局限。

短视频的快速迭代特性使其成为产品营销的优选。与之相比，长视频需要更长的时间跨度来达成传播效果，这在盈利方面可能有所不足。

5. 平台选择不同

长视频的制作周期较长且流程较为复杂，通常它们会与特定平台进行独家合作播放。这种独家合作模式意味着长视频的目标观众集中于单一平台，使得总播放量可以通过该平台的数据直接统计，因此数据展示更为清晰和直观。

相较而言，短视频为了增加曝光率和迅速吸引目标观众的注意，往往需要在多个平台上发布。这种多平台策略导致观众分散在不同的平台上，从而引起流量的分散。由此，短视频的总播放量较难准确统计，其平均播放量相对较少，如图1.8所示。

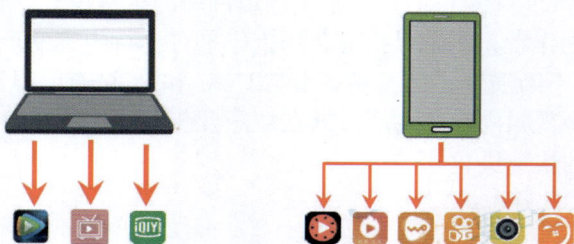

图　1.8

1.2　短视频的发展机遇

短视频的流行确实改变了众多用户的生活习惯。平台和企业洞察到了其中蕴含的商业潜力，如果能够有效利用这一趋势，便能开拓更多发展的机遇。

短视频平台向用户提供了表现个人才华和创意的空间。用户得以通过拍摄和编辑短视频来展现才艺、分享生活经验或知识。这为富有创造力及表达欲的用户创造了机遇，让他们可以通过短视频获得更多的关注与认可。

对企业而言，短视频平台开辟了全新的广告和营销渠道。与传统广告相比，短视频更具娱乐性和互动性，能更有效地捕获用户的注意力。企业可通过发布富有趣味和创意的短视频广告，增强品牌曝光度及用户参与度，实现更佳的营销成效。

同时，短视频为内容创作者带来了新的盈利模式。通过在短视频平台上积累粉丝和观众，创作者可以通过赞助、广告合作等手段赚取收入。这对于具备创作才能却在传统路径上难以取得经济收益的个体来说，是一个极佳的机遇。

短视频的兴盛为个人和企业开启了广阔的发展可能。通过充分发挥短视频平台的特色与功能，个人得以展示才艺和创意，企业可实施创新的广告推广，内容创作者则有望获得经济回报。因此，把握并运用这一趋势，将能在快速发展的短视频领域中赢得更多机遇与进步。

1.2.1　新的社交语言

在传统的社交模式中，用户通常依赖文字和图片来分享自己的经历和感受。然而，这种方式往往只能提供有限的、不全面的信息传达。短视频作为一种新兴的社交语言，能够捕捉事件发生时的视觉和声音信息，从而更全面地呈现场景和情境。

此外，传统社交通常限于熟人圈子。相比之下，完成拍摄的短视频不仅可以分享到个人的社交网络，还可以通过平台的即时分享功能向陌生人传播，从而拓宽了社交的范围。以抖音为例，当用户上传短视频后，平台会在主页推荐这些视频。视频获得的点赞和分享数量越多，其热度越高，被主页推荐的机会也就越多，使得更多用户有机会观看到这些内容。抖音还支持基于地理位置的推荐功能。当用户开启手机定位服务时，上传的短视频可以被推送给同一地区的其他用户，这样附近的人可以立即看到用户的分享。这种机制不仅方便了周围的人，还扩展了线下社交的可能性。

1.2.2　开创新的经济模式

随着短视频的流行，许多电商企业看到了其中的商机，并因此创造了"视频＋社交＋电商"的新经济模式，实现了产品与短视频的紧密融合。在抖音等短视频平台上，电商短视频主要分为两种类型。

第一种是将商品广告直接植入视频中，以直观且全面的方式向用户展示商品特性。这种方式与传统电视广告相似，但不同之处在于需要在短视频的几分钟内高度浓缩商品特点，迅速向观众传达核心内容。通过精心策划和制作，商品的特点、功能和优势可以以生动有趣的形式展现给用户，吸引他们的注意力并激发购买欲。这种电商短视频通过抖音等平台传播，能让更多的用户看到并了解商品，从而推动销售。

第二种是将商品广告间接地植入短视频中，这种手法也称为内容营销或故事化广告，如图 1.9 所示。通过自然地将商品融入视频内容，能够更有效地吸引观众注意力并激发兴趣。与直接介绍商品相比，这种方法更加微妙有趣，不会让观众感到强烈的商业推销。例如，在展示绘画过程的短视频中，可以吸引对艺术、创作或手工制作感兴趣的观众。通过展示使用的工具，并在视频左下角添加标签式的商品链接，观众可以在欣赏视频的同时注意到商品。如果观众对商品感兴趣，他们可以点击链接进一步了解并购买。这种内容营销方式能够在观众享受视频内容时自然引入商品信息，更容易引发观众共鸣和兴趣，从而提高广告效果和销售转化率。

在制作电商类短视频时，需要重视内容的打磨，以传递品牌的文化和价值观。这一转变标志着传统产品营销向文化营销的演进。通过传达品牌的文化和理念，可以更有效地吸引年轻用户的关注并获得他们的认可。

图　　1.9

年轻用户接受新鲜事物的速度快，他们期望能迅速掌握产品的卖点和特性。因此，短视频需要在有限的时间内准确展示产品的卖点，使用户能够快速理解并获得认同。同时，情感的真实性也不可忽视，需要通过真实的场景和故事来触动用户的情感，增强他们对产品的信任和好感。

此外，体现产品的质量同样至关重要。短视频应真实地呈现产品的特点和优势，避免夸大其词或不实宣传。不实的宣传会引起用户的失望和反感，对品牌形象造成损害。因此，维护真实性和诚信是关键，确保用户能够真切地感知到产品的品质和价值。

1.2.3　开启短视频自媒体时代

个人自媒体指的是由个体独立管理的短视频自媒体账户，往往基于个人的爱好、专业知识或生活阅历，采用短视频方式向观众提供信息。这类自媒体内容广泛，涉及旅行、美食、时尚、健身、娱乐等多个领域。

新闻自媒体则是指由新闻机构或个人运作的短视频自媒体账户，它们主要集中报道时事热点、社会动态等新闻类内容。通过短视频的形式，新闻自媒体能够迅速传播新闻资讯，迎合用户对实时新闻的需求，如图1.10所示。

图　　1.10

企业自媒体是由公司运作的短视频自媒体账户，其主要目的是宣传和推广公司的品牌形象、产品或服务。通过短视频，企业自媒体可以展现公司的文化、价值观和创新实力，以此吸引用户的注意和获得他们的认可。

这些短视频自媒体在网络社交平台上广泛传播，他们通过精心策划和制作的内容来捕获用户的注意力，并增加粉丝数量及其影响力。同时，这些自媒体也丰富了用户的信息来源，满足了他们对不同领域知识与娱乐内容的需求，如图 1.11 所示。

图　　1.11

1.2.4　促进线下场景的线上转移

随着短视频行业的持续扩展，线下活动逐渐向线上转移。传统行业原本依赖实体操作的环节也开始走向虚拟化。这为多个行业带来了众多的发展机会，同时也面临一个重大挑战：如何把握这些机遇。接下来，我们将以若干行业为例，讨论短视频如何推动线下场景向线上的迁移。

1. 广告业

广告业是短视频发展影响深远的领域之一。传统广告通常由创意机构提供构思，随后制作成展板等形式，在现实世界中推广。长期以来，网络推广不过是实体广告的数字化翻版，即把展板换成适宜计算机或手机浏览的图片格式。但是，随着短视频的风靡，众多商家开始制作短视频来展示产品或宣传公司文化，因为视频相较于静态图像，在传播效果上拥有无可比拟的优势。

短视频不仅能够更生动地展现产品特性，还能同时传达企业文化和理念，帮助企业塑造更加积极的品牌形象。原本单一的广告创意方案也逐渐演变为短视频脚本的创作。例如，比亚迪和华为就通过短视频广告成功实现了产品的展示，如图 1.12 所示。

图　1.12

2. 销售业

随着电子商务的兴起，实体零售业面临巨大挑战。尽管如此，由于线上图片与实物之间存在差异，许多消费者仍然偏好亲自采购商品，以确保所购即所见，减少误差。然而，短视频在零售业中的广泛应用已经解决了信息不对等的问题，它能够全方位地展示产品特性和细节。

以服装业为例，这一行业通常非常依赖实体试穿，客户只有亲自试穿后才能确定衣物的材质和款式是否满足他们的需求。但是，随着短视频的普及，越来越多的商家开始雇佣模特进行试穿，并将试穿过程通过短视频记录下来（如图 1.13 所示）。顾客可以通过观看这些视频来确定商品是否符合他们的期待。这种方式不仅节省了顾客的时间和精力，还提供了更加直观和真实的购物体验。

图　1.13

这些短视频中的模特能够根据观众的反馈进行全面的服装展示，使购买者能够更全面地了解产品。通过这种手段，销售行业曾经面临的地理限制被大幅削弱，无论买家身在何处，都能够观看产品并进行购买。

1.3　短视频的类型

随着新媒体平台的持续扩展，短视频的内容越发丰富多样，其形式也在不断刷新。短视频种类繁多，每种类型都有其独特之处，能够向观众呈现独特的魅力。接下来，我们将介绍几种当前颇受欢迎的短视频类型。

1.3.1　搞笑短视频

搞笑短视频通过幽默滑稽的手段呈现内容,借助搞笑的情节和表情来激发观众的笑声。这类视频通常包含恶搞、模仿、脱口秀等形式，为观众提供轻松愉悦的观看体验，如图 1.14 所示。

图　　1.14

1.3.2　才艺展示短视频

才艺展示短视频主要展现个人的特殊才能或技能，如歌唱、舞蹈、乐器表演、绘画等。这些视频不仅让观众欣赏到各类精彩的演出，也为有才艺的人提供了展现自我风采的舞台，如图 1.15 所示。

1.3.3　美食短视频

美食短视频主要聚焦介绍烹饪过程、食材搭配技巧以及餐厅推荐等内容。通过精致美观的画面和引人入胜的食物味道，吸引观众的注意力，并唤起他们的食欲，如图 1.16 所示。

1.3.4　旅行短视频

旅行短视频捕捉了旅人途中的所见与所闻,呈现了各地的美丽景色与丰富文化。观众可以通过这些视频感受到不同地域的独特魅力，并可以从中获得旅行灵感和建议，如图 1.17 所示。

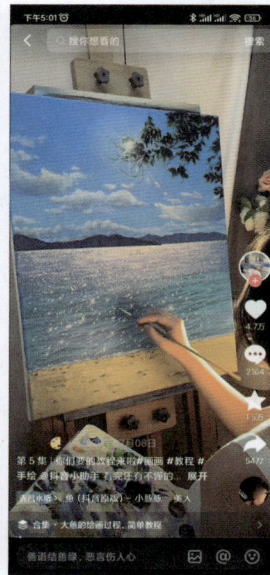

图　1.15

图　1.16

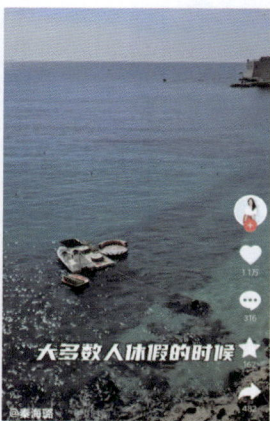

图　1.17

1.3.5　教育短视频

教育短视频主要用于传授知识和技能训练，涵盖了语言学习、编程教程、健身指导等领域。这类视频以清晰简洁的方式展示内容，便于观众学习和掌握相应的知识与技巧，如图 1.18 所示。

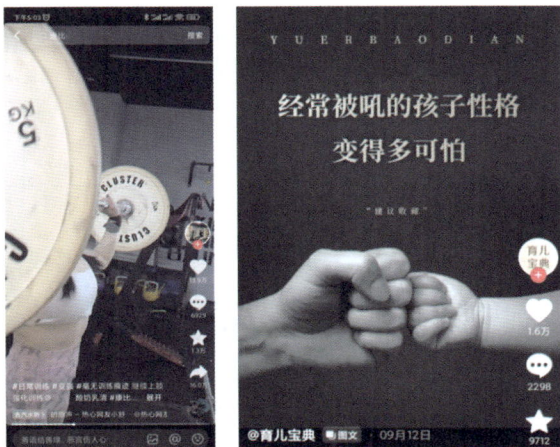

图　1.18

1.3.6　电影解说类短视频

电影解说类短视频是一种新兴起的流行视频形式，它能够将一部电影的内容浓缩至几分钟，并进行简要的讲解和评论。这种形式方便观众在零碎时间观看，并对电影有一个基本的认识，帮助他们决定是否观看完整的影片。这无疑为观众选择电影提供了便利，如图 1.19 所示。

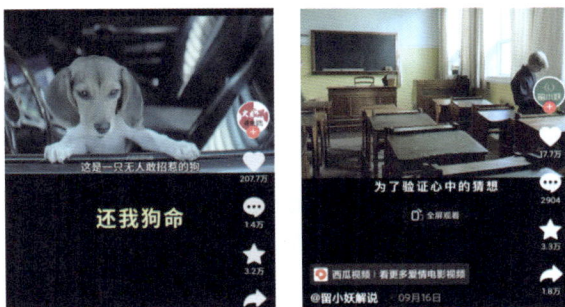

图　1.19

1.4　短视频的制作流程

当讨论到短视频制作时，人们往往首先考虑的是编写剧本。然而，实际上，制作短视频的首要步骤是建立一个团结且高效的团队。只有集合了众人的智慧和力量，才能将短视频作品打磨得更加精致完美。

1.4.1　组建团队

制作短视频涉及多个环节，包括策划、摄制、表演、剪辑、后期包装及运营等。可参考图 1.20 所示的流程列表。具体需要多少团队成员，取决于视频的内容和复杂程度。一些较为简单的短视频，如体验或评测类视频，可能仅由一人即可完成。因此，在组建团队前，应仔细规划拍摄的主题方向，明确团队所需的成员，并为每位成员分配合适的任务。

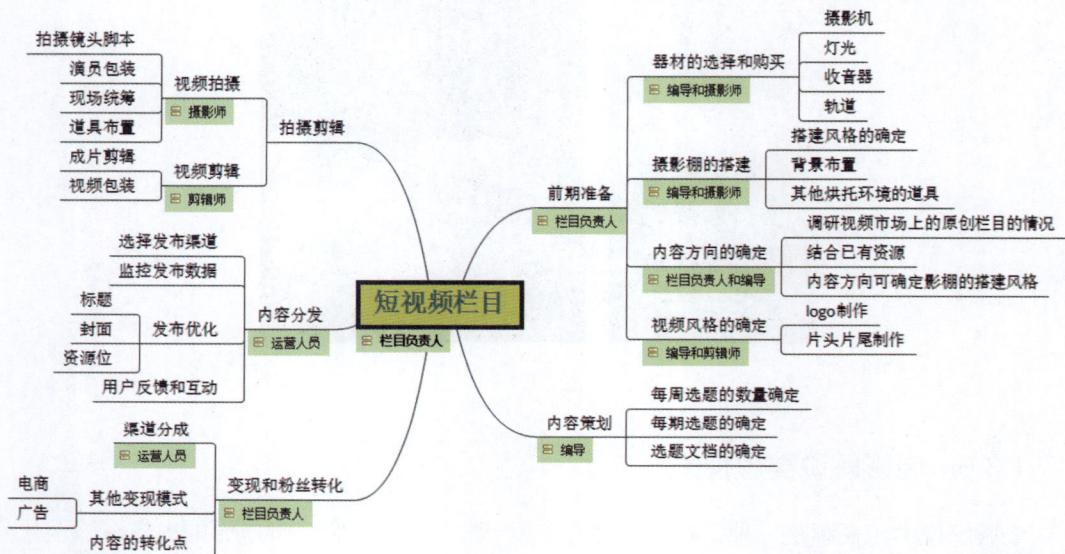

图　1.20

例如，如果打算制作的短视频属于生活方式类，且计划每周发布 2~3 集，每集大约 5 分钟，那么一个由 4~5 人组成的团队即可满足需求。团队成员可以包括负责剧本和导演、运营、摄影和剪辑等职能的人员，并对这些角色进行明确的任务分配。

剧本和导演：负责整个项目的协调工作，策划主题、监督拍摄进度，并确定视频的内容风格与方向。

摄影：主要负责视频的实际拍摄，同时还要对摄影的相关细节进行管理，如拍摄风格和使用的设备等。

剪辑：主要职责是视频剪辑和后期制作，也需要参与策划和拍摄过程，以便更好地实现预期的视频效果。

运营：在视频制作完成后，负责推广和宣传，目的是吸引更多观众关注和观看。

1.4.2　策划剧本

短视频成功的核心在于内容创作。策划剧本的过程类似撰写一篇文章，需要包括主题思想、开头、中间部分和结尾。情节设计是丰富剧本的一个关键元素，可以类比小说中的情节构建。一部成功且吸引人的小说必然包含波折起伏的情节，剧本亦是如此。在策划剧本时，应特别注意以下两点。

- 在剧本构思阶段，要考虑哪些情节能够符合观众的期待。一个优秀的故事情节应能触动观众的内心，激起他们的共鸣，因此了解观众的兴趣和偏好是非常重要的。
- 注意角色的定位，在台词设计上需确保与角色的性格相契合，并且台词要具有冲击力和深度。

1.4.3　拍摄短视频

在进行视频拍摄之前，摄制团队必须完成相应的准备工作。例如，若预计进行外景拍摄，则需提前对拍摄地点进行勘查，以识别最适合视频的拍摄位置。此外，还需注意以下几点。

- 根据实际情况调整剧本内容，进行精细修改，以期达到最佳效果。
- 提前规划好具体的拍摄场景，并对拍摄时间做出详细安排。
- 确认所需的拍摄器材和道具，并合理分配演员、摄影师和其他工作人员的任务。如有必要，还应提前排练台词和表演。

1.4.4　剪辑包装

在视频制作过程中，剪辑是一个不可或缺的关键环节。在后期编辑阶段，必须关注素材间的各种联系，包括镜头移动的连贯性、场景切换的协调、叙事逻辑的一致性以及时间线的流畅度等。剪辑时要注重细节，并融入创意，确保素材的拼接既自然又富有趣味。

在进行短视频的剪辑和包装时，仅保持素材间有紧密关联性是不足够的，其他诸如音乐、特效、色彩调整等方面的精细加工也同样重要，可以增强视频的整体吸引力。剪辑包装短视频的主要工作包括以下几点。

- 添加背景音乐，用于渲染视频的氛围。
- 添加特效，营造良好的视频画面效果，吸引观众的注意力。
- 添加字幕，帮助观众理解视频内容，同时完善视觉体验。

1.4.5　上传并发布短视频

上传和发布短视频的渠道众多，操作过程也相对简便。特别是对于使用手机录制的视频来说，上传和发布步骤尤为方便。以抖音平台为例，在剪辑完成之后，用户将被带入视频的"发布"页面。在该页面的顶部，用户可以撰写与视频内容相关的描述，添加相关话题或提醒好友等，以此吸引更多观众。设置完毕之后，单击"发布"按钮即可完成视频的上传和发布流程（如图 1.21 所示）。

视频成功上传后，用户可以在动态中查看已上传的视频预览，并进入分享界面。在分享界面中，用户可以选择选项将视频分享到其他社交媒体平台，如微信视频号、小红书、抖音和微博等（如图 1.21 所示）。

这里以分享给微信好友为例，在图 1.22 所示的分享界面中，单击"加微信朋友"按钮后会弹出提示框，单击"粘贴给微信朋友"按钮，即可自动转到微信进行分享，如图 1.22 所示。

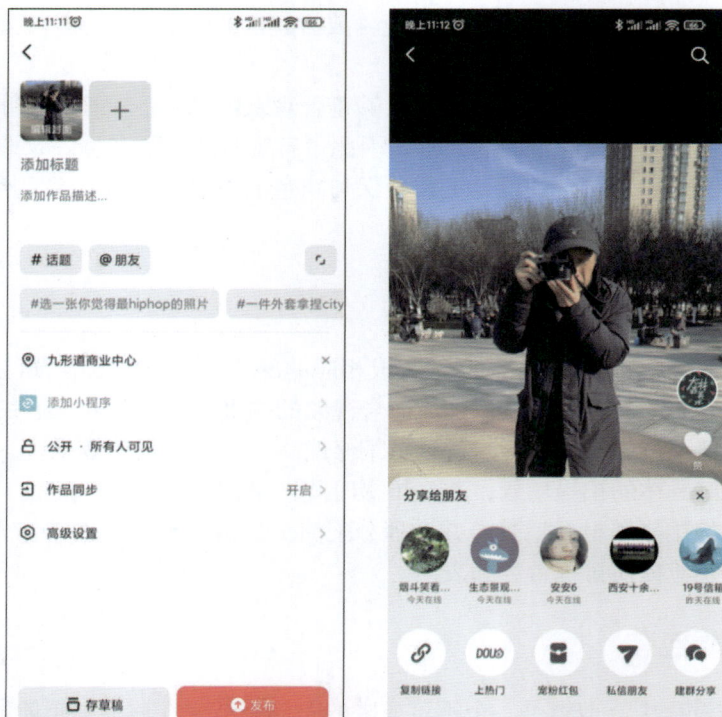

图　1.21

图　1.22

　　在专业的平台上分享短视频非常便捷，通常只需单击几次即可完成。如果想要让更多人发现并欣赏自己的作品，就需要广泛传播，投入更多的精力拓展渠道。

手机短视频常用 App 与平台

目前，大量短视频活跃于微信、小红书、抖音等主流社交媒体平台。这凸显了移动端短视频制作的重要性。随着智能手机的广泛普及和技术发展，现代手机不仅能够录制视频，还能通过各种应用程序进行视频编辑和后期处理，并利用众多平台和工具发布短视频，进一步扩大其传播范围。

当前，市场上短视频应用程序不断涌现，其功能也日趋完善且用户友好。由于篇幅所限，本章将向读者推荐几款流行且实用的短视频应用和平台。

2.1 常用拍摄类 App

当提到通过手机拍摄短视频时，人们会自然而然地想到各种类型的手机应用程序。这些应用程序不仅提供了拍摄短视频的良好平台，而且每个应用程序都有其独特的特点，使短视频拍摄变得简单可行。

2.1.1 抖音短视频

抖音是一个致力于短视频分享的社区，在这里用户可以选择音乐配合短视频创作出自己的作品，或者上传自己的剪辑作品。它与小咖秀（网上的另一个分享平台）有相似之处，但抖音的不同之处在于，用户可以通过调整视频的拍摄速度、编辑和特效（如重复、闪烁、慢动作）等手段来增强视频的创意性，而不仅是对口型。抖音的用户群体主要是年轻人，其配乐多为电子音乐和舞曲。视频内容大致可分为舞蹈和创意两大流派，它们共同的特点是都有很强的节奏感。当然，也有一部分用户播放抒情音乐，展示诸如咖啡拉花等技巧，成为抖音圈中的一股清新之流。图 2.1 所示为抖音特色。

图 2.1

在抖音 App 主界面下方，单击 ⊕ 图标，即可进入抖音 App 的拍摄功能界面，如图 2.2 所示。下面对抖音 App 的拍摄界面功能进行详细介绍。

- 添加背景音乐：单击即可进入抖音 App 平台的音乐素材库，如图 2.2 所示。在其中可以选择不同类型的音乐添加到自己的视频中。其中的"搜索"一栏可以输入名称进行搜索；单击"收藏"可以将喜欢的音乐收藏起来，以便日后在拍摄视频时直接从"收藏"中选择使用；而"音乐分类"则将音乐进行划分，方便有不同喜好的用户选择自己喜欢的音乐类型。
- 调整摄像头：将摄像头调整为前置摄像头或后置摄像头。
- 调整拍摄模式：可选择"AI 创作""分段拍""快拍""模板"和"开直播"5 种模式。
- AI 创作：抖音 App 内置众多风格不一的 AI 重绘滤镜，能让视频快速"换装"，如图 2.3 所示。

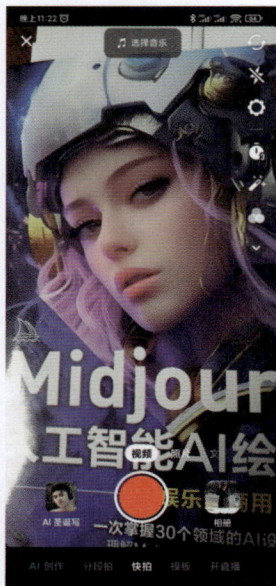 

图 2.2

图 2.3

- 拍摄滤镜：通过该功能可以实现针对人脸的"磨皮""瘦脸""大眼"和"妆容"等一系列美颜操作。
- 选择拍摄道具：单击展开列表，可选择不同的装饰贴纸、特效头套和滤镜效果，以帮助用户将音乐短视频拍摄得更加具有多变性和个性，如图 2.4 和图 2.5 所示。
- 拍摄模板：可选择不同的模板进行套用，这个功能可以让视频编辑变得很轻松。

2.1.2 小红书

小红书 App 是当下年轻女性所喜爱的一款生活方式分享平台，其平台内容覆盖美妆穿搭、个人护理、运动健身、旅游、家居等方面，是年轻人的生活方式平台和消费决策入

图　2.4

图　2.5

口。在小红书，用户可以通过短视频、图文等形式记录并分享生活的点滴。截至 2023 年，小红书的用户数已超过 3 亿，并持续快速增长，其中 70% 的用户为 90 后。图 2.6 和图 2.7 所示为小红书 App 图标及其主界面。

　　单击小红书 App 主界面下方的 ➕ 图标，即可进入小红书 App 的拍摄功能界面，如图 2.8 所示。

图　2.6

图　2.7

图　2.8

小红书 App 的拍摄界面简洁明了，拍摄功能与之前介绍的几款 App 基本相同。在用户完成视频的拍摄后或上传后，单击"下一步"即可进入视频编辑界面，可以对视频进行基本的裁剪、分割、变速处理，或添加滤镜、贴纸、文字和音乐等修饰元素，如图 2.9 所示。

在完成了视频的处理工作后，单击"下一步"进入发布界面，在该界面设置封面，并输入相关文字，单击"发布笔记"即可将作品发布至平台，如图 2.10 所示。

图 2.9

图 2.10

2.1.3 美拍

美拍是一款集直播、视频拍摄和视频后期处理等功能于一身的视频 App。美拍 App 从 2014 年面世之后就赢得了大众的狂热追捧，可以算得上开启了短视频拍摄的大流行阶段。图 2.11 和图 2.12 所示为美拍 App 图标及其主界面。

美拍 App 主打"短视频+直播+社区平台互动"这一特色功能，从视频拍摄到分享，形成了一条完整的生态链，足以使它为用户积蓄粉丝力量，再将其变成一种营销方式。

进入美拍 App 主界面，单击界面下方的 ➕ 图标，即可进入美拍 App 的拍摄功能界面，如图 2.13 所示。下面对美拍 App 的拍摄功能进行详细介绍。

- 拍摄视频/拍摄照片：在拍视频和拍照片两种模式之间进行切换。
- 选择拍摄道具：单击展开列表，可选择不同的装饰贴纸、边框和特效，如图 2.14 所示。
- 人像美化功能：单击即可展开美拍 App 自带的"美颜"和"滤镜"选项，如图 2.15 所示。美颜功能是美拍 App 的一大亮点，相较于同类 App，它的美颜选项更加丰富、全面，能帮助用户实现脸部的各项优化操作。

图　2.11

图　2.12

图　2.13

图　2.14

图　2.15

2.1.4　Faceu 激萌

Faceu 激萌 App 主打表情自拍，其最大的特色就是表情化的自拍，包括表情图片自拍与表情视频自拍。相对于很多自拍软件只是针对用户脸部采用贴纸来说，Faceu 激萌 App 是对用户整张脸进行表情变形，更能达到新奇和有趣的自拍效果。图 2.16 和图 2.17 所示为 Faceu 激萌 App 图标及其拍摄主界面。下面对 Faceu 激萌 App 的拍摄界面功能进行详细介绍。

图 2.16

图 2.17

- 拍摄设置：单击该按钮，在展开的列表中可以设置"触摸拍摄""延时拍摄""闪光灯"及"网格线"等选项，如图 2.18 所示。
- 调整画幅：单击该按钮可展开列表进行拍摄画幅的选择，如图 2.19 所示。

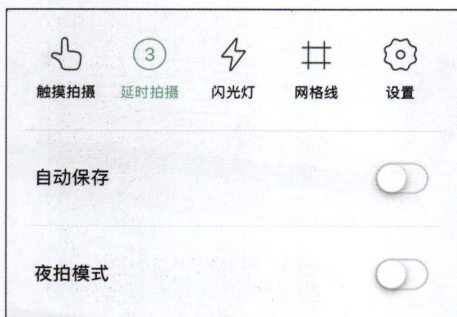

图 2.18

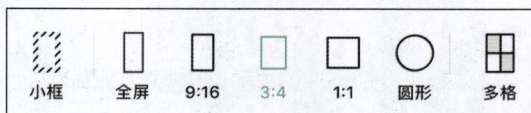

图 2.19

- 调整摄像头：将摄像头调整为前置摄像头或后置摄像头。
- 拍摄模式：Faceu 激萌 App 的拍摄模式有"视频""拍摄"和"表情包"3 种，其中的表情包制作也就是其特有的表情包 DIY（Do It Yourself，自己动手制作）。通过该功能，用户可以制作专属于自己的表情包，具有很强的参与性和趣味性。
- 拍摄：在默认的"拍摄"模式下，单击该按钮可拍摄照片，长按该按钮可进行短视频拍摄。

- 贴纸：为图像或视频添加动态表情贴纸。
- 滤镜：为视频或图像的拍摄添加实时滤镜，转换其风格。
- 美颜：单击该按钮可展开新列表进行"美颜""美体"和"美妆"等美化选项的设置。
- 相册：可以将不是由 Faceu 激萌 App 拍摄的图片与视频导入 Faceu 激萌 App 中。

Faceu 激萌 App 除了自拍功能强大之外，还有强大的社区交流功能，用户可以在 Faceu 激萌 App 中与好友聊天互动，还能进行视频、美照一键式分享。

2.2　常用后期类 App

当我们需要对拍摄的视频进行美化加工时，就需要使用视频剪辑软件。一些专业的剪辑软件，如 Premiere、After Effects 等，只能在 PC 端运行，便捷性大打折扣，并且复杂的操作让普通人难以短时间内上手。而移动端的剪辑软件，大都操作简单、功能齐全，能做到随拍随剪，满足了众多短视频爱好者的快速制作需求。

2.2.1　剪映

作为抖音推出的剪辑工具，剪映可以说是一款非常适用于视频创作新手的剪辑"神器"，它操作简单且功能强大，同时与抖音的衔接应用也是其深受广大用户喜爱的原因之一。

剪映 App 与剪映专业版（PC 端）的最大区别在于二者基于的用户端不同，因此界面的布局势必有所不同。相较于剪映专业版，剪映 App 基于手机屏幕，虽然屏幕较小，但是为用户呈现的功能更为简洁、直观，可直接连接到手机相册中，即拍即编辑，这是 PC 端软件所不具备的优势。如图 2.20 和图 2.21 所示分别为剪映 App 和剪映专业版的工作界面展示效果。

图　2.20

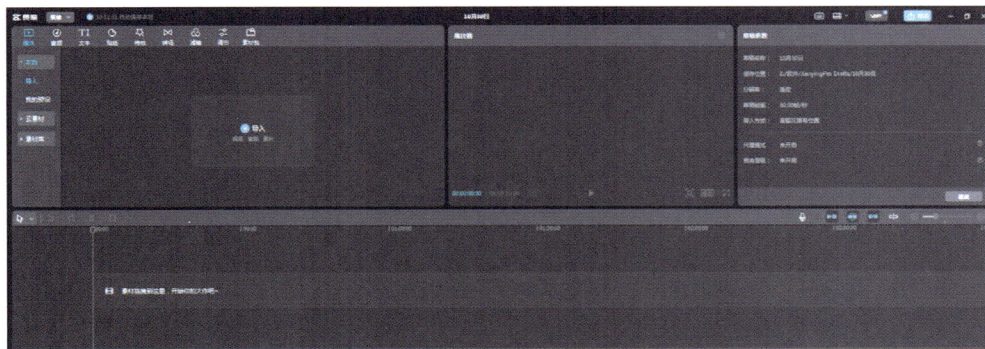

图　2.21

23

剪映 App 的诞生时间较早，目前既有的功能和模块已趋于较为完备的状态，而剪映专业版由于推出的时间不长，部分功能和模块还处于待完善状态，但相信随着用户群体的不断壮大，其功能会逐步更新和完善。

2.2.2　小影

小影 App 是一款集手机视频拍摄与视频编辑功能于一身的软件，该软件视频拍摄风格多样、特效众多，并且拍摄时没有时间限制，因此可以拍摄和编辑更长、更炫酷的微电影、微故事等。小影 App 最大的特色就是即拍即停，主要用于短视频的拍摄与后期调整，图 2.22 和图 2.23 所示为小影 App 图标及其视频编辑界面。

图　2.22

图　2.23

2.3　常用分享平台

在完成视频编辑之后，若希望拓展观众群体，分享至各大平台是必不可少的一步。众所周知的社交分享平台包括抖音、小红书、微信视频号、微博以及 QQ 空间等。此外，将视频上传到各大在线视频平台也是一个非常流行的做法。

接下来，我们将向读者介绍几个常用的在线视频平台。通过合理且高效地使用这些平台，不仅可以增加视频的曝光率和播放量，还能够为创作者带来一定的收益。

2.3.1　哔哩哔哩弹幕网

哔哩哔哩（Bilibili）弹幕网，简称"B 站"，是年轻人会聚的流行文化娱乐社区，也是众多网络热词诞生的地方。B 站包含了生活分享、游戏解说、电影电视、美妆时尚、科技数码以及教育等丰富多样的内容板块。该平台主要吸引了年轻的用户群体，其中 24 岁以下的用户占比达到 75%，形成了一个充满活力的在线视频社区，图 2.24 所示为哔哩哔哩官网首页。

图　2.24

对于 B 站的创作者（又称 UP 主）而言，他们的主要收益来自粉丝的打赏，粉丝资源对于 B 站平台的作用是至关重要的，对于创作者而言也是内容变现的重要支撑，图 2.25 所示为哔哩哔哩 App 的视频打赏页面，通常是采用投币的方式进行赞助打赏。

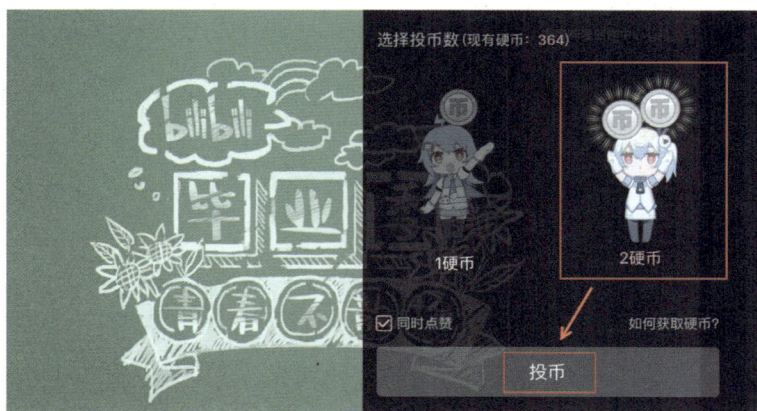

图　2.25

另外，B 站还推出了众多内部计划，以及不定时推出各种征稿活动，以鼓励创作者积极进行创作投稿，如图 2.26 和图 2.27 所示。

图 2.26

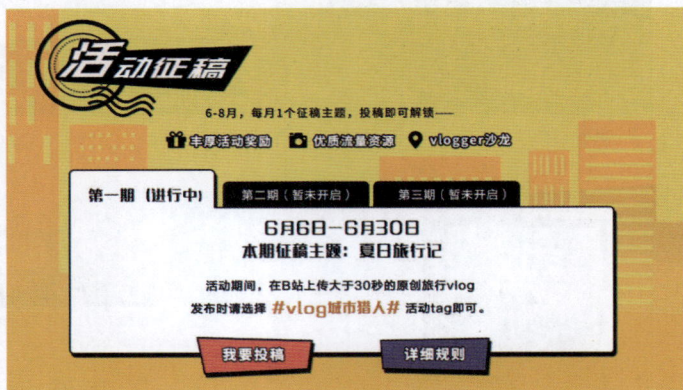

图 2.27

2.3.2 腾讯视频

腾讯视频平台为广大用户提供了较为丰富的内容和良好的使用体验，其内容包罗万象，包括热门影视、体育赛事、新闻时事、综艺娱乐等，图 2.28 所示为腾讯视频首页。

图 2.28

创作者将短视频上传至腾讯视频平台，其主要的收入来源是平台的分成。然而，并非所有的视频创作者都能从腾讯视频获得平台分成，这需要视频内容符合特定的领域要求。例如，创作泛娱乐内容视频的创作者可以轻松获得平台分成，而那些专注于生活类短视频的创作者则无法得到平台分成。为了有资格获得平台分成，创作者需要满足以下几个条件。

- 在平台发布的视频必须是原创的。
- 视频的总播放量要达到 10 万。
- 用户在平台推出至少 5 条原创视频。

2.3.3　搜狐视频

搜狐视频是一个播放量较高的在线视频分享平台，提供了高清电影、电视剧、综艺节目和纪录片等内容，同时还提供了视频的存储空间和视频分享的贴心服务，图 2.29 所示为搜狐视频官网首页。

图　2.29

创作者在搜狐视频上的主要收益来源可以分为几个大渠道，包括平台分成、边看边买、分享盈利以及赞助打赏。

- 平台分成：许多视频平台提供这种收益方式，但搜狐视频的加入条件相对简单。只要是原创内容或者持有版权的视频，创作者就可以成为搜狐视频的自媒体合作伙伴。
- 边看边买：这部分收入实际上来自平台的广告盈利，分为两种情形：一是平台根据广告播放给予内容创作者的收益；二是观众在观看视频时单击广告中的商品链接并进行购买，创作者可以从中获得销售回扣。
- 分享盈利：像搜狐视频这样的在线视频平台通常都会提供分享功能。创作者将视频分享到 QQ、微信、微博等社交平台，吸引用户进入搜狐视频网站观看，进而提高视频播放量。要通过分享获得收益非常简单，只需确保视频参与了搜狐视频的平台分成计划。
- 赞助打赏：这是搜狐视频平台上自媒体的一个重要收益来源，并且是自媒体与观众互动的一种常见方式。通常情况下，参与平台分成的视频都能够接受观众的赞助和打赏。如果观众对视频内容感兴趣，他们可以通过扫描二维码来打赏支持。

第 3 章

手机短视频拍摄技巧

短视频属于视频的一种形式，在制作过程中，许多影视拍摄的技巧也同样适用。本章将向读者详细介绍视频拍摄的相关知识，帮助大家迅速掌握短视频这一新兴的视频类型，并为后续学习短视频拍摄与制作打下坚实的基础。

3.1 运动摄像的技巧

初学者在完成视频拍摄后，常常会觉得自己的作品不如人意，却又难以指明不足之处。实际上，问题往往出在拍摄的基本技巧上。就像说话人人都会，但并非人人都能表演相声一样。相声的基本技艺包括说、学、逗、唱，而视频拍摄的基本技巧则涉及推、拉、摇、移、跟、甩、升、降等操作。这些技巧是基础的摄影手法，它们超越了画面边框的限制，帮助拓展视觉范围，被称为"运动摄影"或"运镜"。

本节将为各位读者介绍运动镜头技巧的相关内容。

3.1.1 推镜头

推镜头就是镜头指向被拍摄对象，然后摄影师本人不断向前走近进行拍摄，如图 3.1 所示。

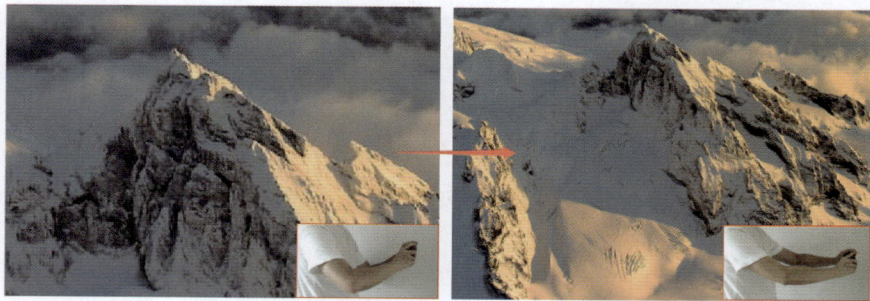

图　3.1

推镜头在拍摄中所扮演的角色是：着重呈现接下来影片中即将出现的关键人物或物品，它能够使观众的视线逐步靠近被摄对象，并逐渐地将观众的注意力从一个全局的视角转移到具体的局部细节。随着镜头向前移动，画面所涵盖的元素逐步减少，借助镜头的移动排除了画面中的多余元素，进而达到了强调焦点的目的。

3.1.2　拉镜头

拉镜头则和推镜头相反，是摄像机不断地远离拍摄物体，如图 3.2 所示。

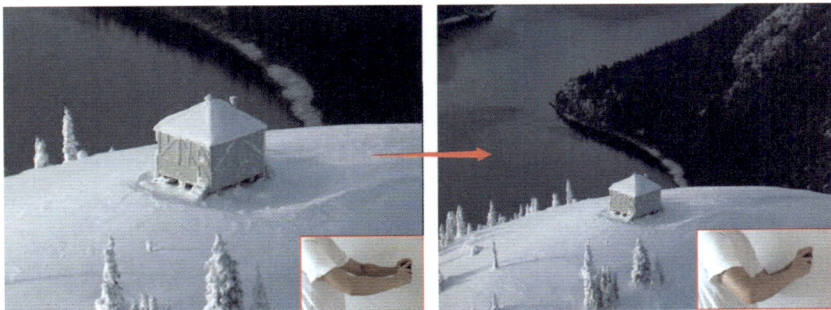

图　3.2

拉镜头的作用可分为两个主要方面：首先，它能够展现主体人物或景物在环境中所处的位置。当摄像机向后移动时，视野逐渐扩大，从而在一个镜头内揭示局部与整体的关系；其次，拉镜头用于镜头之间的过渡，例如，如果前一个镜头是某个场景的特写，而随后的镜头是另一个场景的全景，使用拉镜头技巧可以使这两个镜头的切换显得平滑自然。

3.1.3　摇镜头

摇镜头是指摄像机保持固定位置，仅通过摇动镜头来改变拍摄方向。这种方式类似人站立时头部转动以观察四周的环境，能够模仿人的视角进行叙述，从而在控制空间描述方面更具效果，图 3.3 所示为摇镜头示意图。

图　3.3

摇镜头有几种不同的类型，包括左右摇、上下摇、斜摇，甚至可与移镜头组合使用。在拍摄过程中，通过缓慢的摇镜头技巧，可以逐一向观众展示场景，有效地延伸时间和空间感，给观众留下深刻印象。使用摇镜头能够使拍摄内容呈现出连贯性，从头到尾流畅自然。因此，拍摄时要求开始和结束的画面目标明确，从一个拍摄对象摇到另一个拍摄对象，确保两个镜头之间的过程也是表现的内容。

另外，在拍摄时，摄影机的运动速度必须保持均匀，运动开始时要稍作停顿（起幅），然后逐渐加速至匀速，接着减速并在停止前再次停顿（落幅）。

"起幅"和"落幅"是运动摄像中的术语。在运动的起始点和结束点，摄像机需要停留一段时间以保持稳定，这段时间就分别称为"起幅"和"落幅"。

3.1.4 移镜头

移动镜头技巧的灵感来源于法国摄影师普洛米澳（Promières），他在 1896 年于威尼斯的一个游艇上受到启发，构想了使用"移动的电影摄影机"进行拍摄的想法。通过这种方式，他让静止的物体看起来似乎在运动。因此，在电影中，他首次引入了"横移镜头"，即将摄影机置于可移动的车辆上，沿轨道一侧进行拍摄，如图 3.4 所示。采用这种方法拍摄的视频具有非常高的稳定性，在电影产业中得到了广泛的应用。

在使用手机拍摄短视频时，也可以采用移镜头技术。如果没有滑轨或其他辅助设备，可以双手握住手机，保持身体静止，通过缓慢移动双臂来实现手机镜头的平移。

移镜头的目的是展现场景中人物与物体、人与人之间以及物体与物体之间的空间关系，或者是将一系列事物流畅地串联起来进行呈现。移镜头和摇镜头的共同点在于它们都旨在描绘场景中主体与次要元素的关系，然而在视觉效果上，两者却有着本质的区别。摇镜头保持摄像机位置固定，通过改变拍摄角度来变化画面中被摄物体的视角，适合拍摄距离较近的主体；而移镜头则保持拍摄角度不变，通过移动摄像机的位置（或者在摄像机位置固定的情况下，通过变焦或移动背景中的对象）来创造一种跟随的视觉效果，这有助于营造特定的情绪和氛围。

图　3.4

3.1.5 跟镜头

跟镜头是指摄像机跟随正在移动的对象进行拍摄，包括推、拉、摇、移、升降、旋转等多种形式。在跟拍过程中，动态的拍摄对象（主体）在画面中的位置保持相对稳定，而背景则可能持续变化。这种拍摄手法不仅能突出运动中的主体，还能展现物体的运动方向、速度、姿态，以及它与周围环境的关系，确保物体运动的连贯性，并有助于展示对象在动态中的风采。图 3.5 所示为跟镜头示意图。

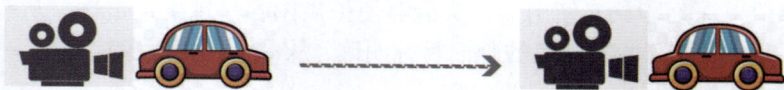

图　3.5

3.1.6　升降镜头

升降镜头是指摄像机在垂直方向上移动进行拍摄,这种方法可以从多个视角展现场景。升降镜头的变化技巧包括垂直升降、斜向升降和不规则升降。在拍摄过程中,通过不断调整摄像机的高度和俯仰角度,可以为观众带来丰富的视觉体验。如果升降镜头在速度和节奏上控制得当,它可以创造性地传达情节的氛围,经常用于揭示事件的发展动态或表达场景中上下移动的主体的主观情绪。如果在拍摄实践中将其与其他镜头技巧结合使用,可以创造出多变且丰富的视觉效果。图 3.6 所示为升降镜头示意图。

图　3.6

3.1.7　甩镜头

使用甩镜头技巧时,对摄影师的技术要求较高。这涉及在一个画面结束后不停止摄像机,而是快速"摇转"镜头至另一个方向,迅速转换到另一个画面内容。在此过程中,所捕捉的画面会变得模糊不清,这个过程模仿了我们观察事物时突然转头看向另一物体的自然视觉体验。甩镜头能够突出空间的转换以及在同一时间不同场景中发生的并行事件。

执行甩镜头时,需要掌握适当的节奏和速度,以实现画面的突兀过渡效果。在实际拍摄时,应仔细控制甩的方向、速度和过程时长,确保与前后画面的动作、方向和速度相匹配。此外,也可以专门拍摄一段向预定方向甩出的流动画面,然后在后期编辑阶段将其插入前后两个镜头之间,以达到预期的效果。

3.1.8　旋转镜头

旋转镜头是指摄像机拍下被摄主体或背景呈旋转效果的画面,常用的拍摄手法有以下几种。

- 沿着镜头光轴仰角旋转拍摄。
- 摄像机呈 360° 快速环摇拍摄。
- 被摄主体与拍摄者几乎处于一轴盘上做 360° 的旋转拍摄。
- 摄像机在不动的情况下,将胶片或者磁带上的影像或照片旋转,倒置或转到 360° 圆的任意角度进行拍摄,可以顺时针或逆时针运动。
- 运用旋转的运载工具拍摄,同样可以获得旋转的效果。

旋转镜头技巧往往被用来表现人物在旋转中的主观视线或者眩晕感,或者以此来烘托情绪,渲染气氛。图 3.7 所示为旋转镜头示意图。

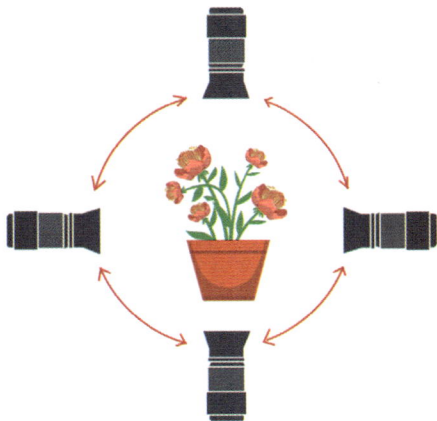

图　3.7

3.1.9　晃动镜头

晃动镜头是指在拍摄过程中，摄像机机身进行上下或前后摇摆的拍摄手法，这种技巧通常用作主观镜头。在特定的情境下使用，它能产生强烈的震撼感和主观情感，创造出独特的艺术效果，如表现人物的精神恍惚、头晕目眩或者乘车时的颠簸感等。

本节提到的各种镜头技巧在实际拍摄中并非孤立无关，而是可以相互结合运用，形成丰富多变的综合运动镜头效果。在选择使用这些技巧时，应当基于实际的拍摄需求来做出决策。拍摄时，应确保镜头运动匀速、平稳，动作要果断，避免无意义的滥用，不应无故停顿或随意晃动摄像机，这样做不仅会干扰内容的传达，还可能让观众感到困惑和不适。此外，镜头运动的方向和速度还需要考虑到与前后镜头的节奏和速度相匹配。

3.2　画面稳定技巧

无论是拍摄视频还是照片，人们总是更喜欢观看清晰的画面。在视频拍摄中，清晰度至关重要，而画面稳定性往往是决定视频清晰度的关键因素。因此，在使用手机拍摄视频时，应尽可能稳定地持握手机。在之前的章节中，编者向大家介绍了一些辅助工具来帮助稳定画面的拍摄。除了使用这些工具外，我们还可以在拍摄过程中运用一些稳定技巧，以显著提高拍摄的质量。

3.2.1　尽量横置手机拍摄

许多人喜欢用一只手竖着握持手机来拍摄视频，虽然这种方式便于操作，但单手握持的稳定性通常不够理想。因此，如果追求视频拍摄时画面的稳定，而且在没有任何辅助工具的情况下，还是推荐使用双手横握手机的方式来进行拍摄。双手握持可以显著增加稳定性，有效降低画面抖动，如图 3.8 所示。

图　3.8

3.2.2　利用其他物体作为支撑点

由于手机比较轻便，因此在手持拍摄时很容易发生抖动。在拍摄的过程中，可以借助其他物体来稳定设备，例如，在拍摄静态画面时，如果身边有比较稳定的大型物体，如大树、墙壁、桌子等，可以借助它们来进行拍摄。拍摄者可以手持手机，同时将手机轻靠大树、墙壁，或立于桌面上，形成一个比较稳定的拍摄环境。需要注意的是，这种拍摄方式虽然比较稳定，但能动性较差，也很容易发生碰撞，因此建议尽量只在拍摄固定机位时使用该方法。

3.2.3　保持正确的拍摄姿势

手持拍摄时运用正确的姿势牢牢地固定手机非常重要，除了保持呼吸的平稳外，还可以靠着墙、栏杆等，让身体保持相对稳定。在拍摄时，要避免大步行走，转而使用小碎步移动拍摄，这样可以有效减少大幅度的抖动。此外，在拍摄过程中，尽量避免大幅度的手部动作，手肘可以紧靠身体内侧以保持稳定。

3.2.4　拍摄过程中谨慎对焦

如果拍摄者不是刻意追求画面的虚化效果，那么最好在摄像前关闭自动对焦功能，另外在拍摄前应尽量先找好焦点，避免在拍摄过程中频繁去对焦。因为手机拍视频的过程中重新选择对焦点，会有一个画面由模糊变清晰的缓慢过程，这就破坏了画面的流畅度；此外拍摄时对焦，手指频繁单击屏幕，难免对设备的稳定性造成影响。

3.2.5　选择稳定的拍摄环境

除了在设备和拍摄手法上下功夫，选择一个稳定的拍摄环境同样有利于我们拍出稳定的画面。想要拍出稳定的画面，在拍摄场景的选择上，就要尽量避免坑洼不平的地面、被杂草和乱石覆盖的地面，因为崎岖不平的地面很容易让人踏空或发生磕绊。因此，选择平整、结实的路面可以很好地消除抖动的外部环境因素，减少拍摄时不必要的镜头晃动。

3.3　拍摄对象的选择

视频拍摄不仅要清晰地展示主体，还要确切地传达出视频想要表达的核心主题。通常，只有具备中心思想的视频才拥有独特的灵魂。为了更有效地传递视频的中心思想，视频需要呈现出优质的画面。要做到这一点，首先必须对视频的主体进行清晰的拍摄。只有当主体得到清晰的呈现，视频的中心思想才能被更明确地表达和传播。

3.3.1　拍摄主体的选择

所谓主体，指的是视频中旨在突出展示的对象，它不仅体现了视频的内容与主旨，还是画面构图的焦点或中心。在视频拍摄过程中，选择合适的主体至关重要，这直接关系到视频制作者意图传达的核心理念是否能够被精确和真实地传达出来。通常来说，有两种方法可以更有效地呈现视频的主体。

第一种方法是直接呈现，即在拍摄时直接将想要表现的主体置于画面中最显眼的位置，如图 3.9 所示。

第二种方法是间接呈现，这种方法通过描绘其他元素来烘托和表现主体，不要求主体在画面中占据很大的空间，但应该仍然显著，位于画面的关键位置，如图 3.10 所示。

拍摄者要通过视频中的主体来传达其核心思想，这就要求主体在视频画面中必须被准确地展示出来。只有将主体放在视频画面的显著位置，观众才能一眼识别，并理解所要表达的主题。

在使用直接呈现的方法展示视频主体时，常见的构图技巧包括主体构图和中心构图，

图 3.9

图 3.10

这意味着让视频的主体部分填满整个画面，或者将其置于画面的中央位置。此外，也可以通过明暗对比或色彩对比来强调主体。若采用间接呈现的方法，可以运用诸如九宫格构图或三分线构图的技巧，把主体放在偏离画面中心但仍然非常显眼的位置上。

3.3.2　拍摄陪衬的选择

所谓陪衬，即视频拍摄中的陪体元素，是指在画面中用来突出和衬托主体的对象。通常，在视频拍摄中，主体与陪体是相互补充、相得益彰的，二者的结合能够使画面层次更加丰富，主题更加明确。视频画面中的陪体通常是不可或缺的，如果去掉陪体，画面的层次感便会降低，同时，视频想要传达的主题也会减弱或消失。这说明一旦画面中存在陪体，其作用绝对不容小觑。从图 3.11 可以看出，视频画面的主体是松鼠，而与之同色系的地面作为陪体出现，不仅增强了画面的层次感，还从侧面描绘了主体所处的环境，使得整个画面显得更生动、充满活力。

图 3.11

在进行视频拍摄时，如果准备在视频画面中加入陪体，就需要注意陪体所占据的视频画面的面积不可大于视频主体。另外，要合理调整主体与陪体之间的位置关系和色彩搭配，切不可"反客为主"，使视频失去主导位置。

3.3.3　拍摄环境的选择

在视频拍摄中，所谓的拍摄环境与陪体在严格意义上非常相似，它们主要在视频中起到解释和强调主体的作用，包括前景和背景两种形式。这些元素对视频拍摄的主体进行阐释、衬托和强化，同时在很大程度上帮助观众更好地理解视频的主体，使主体显得更加清晰和明确。

拍摄环境几乎是所有视频中不可分割的重要组成部分。通常情况下，如果仅展示视频的拍摄主体，往往难以充分表达核心思想。然而，当加入了环境元素后，观众不仅能清楚地认识到视频的拍摄主体，还能更容易理解拍摄者想要传达的思想和情感。关于视频拍摄中的环境选择，接下来将从前景和背景两方面进行分析。

前景是指那些在拍摄视频时位于主体前方或靠近镜头的物体，前景能够在视频中增强画面的深度感并丰富画面的层次结构。如图 3.12 所示，植物就作为了画面中的前景。背景则是指那些位于视频拍摄主体背后的元素，它们可以让主体显得更和谐、自然，并且能够说明主体所处的环境、位置和时间等信息，从而更好地突出主体，营造出适宜的视频画面氛围。如图 3.13 所示，天空和月亮构成了画面的背景。

图　3.12

图　3.13

3.3.4　拍摄时间的选择

拍摄视频的时机至关重要。一方面，万物都有其自然的时节特性，如果错过了恰当的时间，就必须等待下一次机会。例如，想要捕捉雪花飘落的镜头，就需要在冬季进行拍摄；想要捕捉日落的美景，则需等到傍晚时分。因此，把握视频拍摄的正确时机尤为关键。

另一方面，即便是同一个主体，不同时间点拍摄出的视频画面效果也会大相径庭。图 3.14 和图 3.15 分别展示了清晨和黄昏两个不同时间段拍摄的鸟类，从中可以明显看出，两个画面所传递的氛围和感觉截然不同。

图　3.14

图　3.15

3.4　拍摄辅助设备

仅凭一部手机，很难拍摄出优秀的短片。在制作短视频时，除了手机，通常还需要借助支架、手持云台等辅助器材。因此，选择一款合适的手机只是开始。拥有了手机之后，你还需要挑选适合的辅助设备，并根据手机型号调整相应的拍摄参数。本节将介绍一些在手机短视频拍摄中常用的设备。

3.4.1　拍摄支架及三脚架

无论是业余还是专业拍摄，支架和三脚架都扮演着重要的角色。尤其是在固定机位拍摄、捕捉宽阔场景或进行延时摄影时，这些辅助设备对于稳定画面至关重要，并且能帮助摄影师更好地执行推拉镜头和升降镜头等技巧，如图 3.16 和图 3.17 所示。

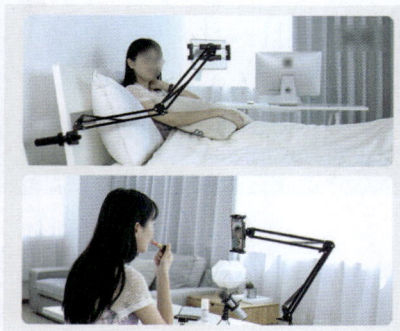

图　3.16

图　3.17

市面上存在众多不同形式的拍摄支架和三脚架，它们越来越倾向轻便化设计，体积更小，便于携带，随时随地都可方便使用。

在传统的便携支架和三脚架的基础上，甚至出现了一些创新的"神器"，如"壁虎"式支架。这类支架不仅保持了普通支架的稳定性，还因其特殊材料能够随意改变形状，从而可以紧附在汽车后视镜、户外栏杆等狭小或不规则的表面上，如图 3.18 和图 3.19 所示，这使得获取独特的镜头视角成为可能。

图　3.18

图　3.19

除了上述支架外，还有一些支架和三脚架支持安装补光灯、机位架等配件，可以满足更多场景和镜头的拍摄需求，如图 3.20 所示。

3.4.2　自拍杆

在进行自拍类视频的拍摄时，由于人的手臂长度是有限的，因此拍摄的范围自然也会受到限制。如果想要进行全身拍摄或让周围的人都进入画面，就需要使用另一种常见的辅助工具——自拍杆。

在众多视频拍摄辅助器材中，若想找到适合自拍的工具，自拍杆绝对是一个理想的选择。自拍杆主要有以下两个显著优点。

- 价格实惠，性价比高。
- 使用简便，功能非常强大。

安装自拍杆相对简单，只需将手机安置于自拍杆的支架上，并通过调整支架下方的旋钮来固定手机。支架上的夹垫通常采用柔软材料，既能牢固地夹持手机，又不会损伤手机，如图 3.21 所示。自拍杆大体上可以分为手持式和支架式两种类型，其中手持式更为普遍，而支架式则显得更专业一些。

图　3.20

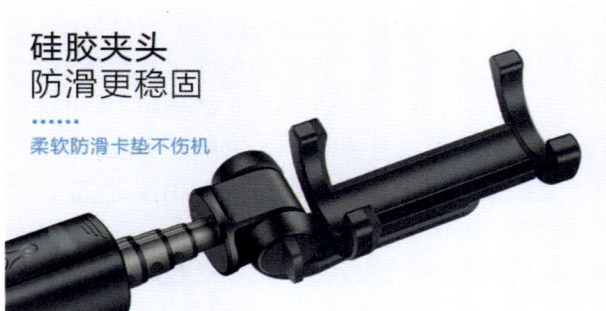

图　3.21

1. 手持式自拍杆

手持式自拍杆一般分为两种，一种是线控自拍杆，如图 3.22 所示，在拍摄视频前需将自拍杆上的插头插入手机上的 3.5mm 耳机插孔，连接成功后就可以对手机进行遥控操作，而无须进行软件设置。

除此之外，针对一些没有设置 3.5mm 耳机插孔的智能手机，市面上也提供了蓝牙连接自拍杆，免去了烦琐的连接线，如图 3.23 所示。手机在连接蓝牙自拍杆时，只需要打开手机蓝牙，搜索蓝牙设备，自拍杆就会自动与手机进行配对并连接。

蓝牙自拍杆外观简洁，使用稳定，但是比较耗电；线控自拍杆不需要电池续航，不用担心使用过程中没有电，售价相对来说也最便宜。市面上还有线控和蓝牙二合一的自拍杆，三者之中性能最稳定，价格也最贵。

2. 支架式自拍杆

支架式自拍杆摒弃了手持方式，只能通过蓝牙遥控器进行操控，如图 3.24 所示。相较于手持式自拍杆，支架式自拍杆最大的优势在于它可以解放拍摄者的双手，因此稳定性更强，也更能保证拍摄出来的镜头更加平稳。此外，手持式自拍杆无法离开拍摄者太远，而支架式自拍杆则可完全作为第三方进行拍摄，只要在蓝牙能覆盖到的范围内，都可以进行一定距离的视频自拍，给了被拍摄者更多的活动空间，如图 3.25 所示。

图　3.22

图　3.23

图　3.24

技术指导：如何连接蓝牙自拍杆。

将手机固定在自拍杆上端，即可上下调整角度，进行俯拍、侧拍、45°角拍摄等，可以帮助用户轻松寻找美颜、显瘦的角度。在拍摄前，需要通过蓝牙连接好手机与自拍杆，这样在开始拍摄时，只需按动手中的蓝牙快门即可进行视频的拍摄。

下面以小米支架式自拍杆连接 iPhone 手机为例进行蓝牙连接方法的讲解。

（1）长按蓝牙自拍杆遥控器上方的拍照键 📷 2 秒，待指示灯亮后松开，此时自拍杆即为开启状态，如图 3.26 所示。

（2）开启状态下，继续按住拍照键 📷 1 秒以上，待指示灯呈现闪烁状态，表示自拍杆此时已进入配对状态，然后在手机的蓝牙连接界面中打开"蓝牙"开关，如图 3.27 所示。

图　3.25

图　3.26

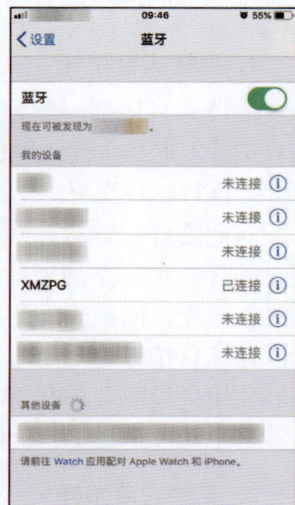

图　3.27

（3）此时自拍杆和手机的蓝牙均已打开，设备处于可配对状态，手机将自动搜索周围的蓝牙设备。等待片刻，手机的蓝牙连接界面搜索到自拍杆对应的蓝牙（小米自拍杆的默认蓝牙名称为"XMZPG"），如图 3.28 所示。

（4）单击自拍杆对应的蓝牙名称，连接蓝牙设备，当自拍杆上的按键灯长亮时，表示配对成功，手机的蓝牙连接界面也会显示蓝牙"已连接"，如图 3.29 所示。

图　3.28

图　3.29

（5）完成上述操作后，就可以使用蓝牙自拍杆进行拍摄工作了。我们可以选择手持拍摄或者支架拍摄，如图 3.30 和图 3.31 所示。

（6）在自拍杆开机及休眠状态下，长按蓝牙自拍杆遥控器上方的拍照键 📷 3 秒，待指示灯熄灭，即可关闭自拍杆。

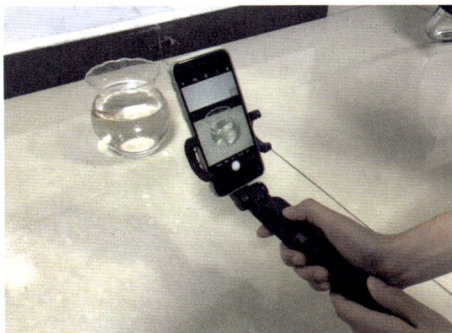

图　3.30

图　3.31

3.4.3　三轴手机云台

在手持拍摄中，最重要的就是保持稳定性，这也是视频在观看体验上最容易区分"专业"

图 3.32

和"业余"作者的地方。很多新手在刚开始学习拍视频时，总是会觉得自己的作品和 App 上其他作者拍摄的观感反差很大，其中很大一部原因就是新手拍摄的视频会很抖。

如果视频画面抖动比较大的话，观看起来会很不舒服。虽然现在很多智能手机都具备防抖功能，手机厂商们总是希望通过五轴防抖、电子防抖、OIS 光学防抖等技术来提高手机的防抖性能，然而不管是哪一种技术，都不如一个手机云台的防抖能力来得直接，作为一款辅助稳定设备，云台通过陀螺仪来检测设备抖动，并用三个电机来抵消抖动。图 3.32 所示为 DJ 大疆灵眸 Osmo Mobile 2 防抖三轴手机云台。

使用三轴手机云台可以很好地过滤掉运动产生的细微颠簸和抖动，以确保画面的流畅和稳定。同时握持方便，可以适应多种场景的拍摄需求。几乎所有从事手机视频拍摄的人，都会购买一款手机云台，"专业"作者的作品之所以好看，除了创意之外，画面稳定不抖动也是一个重点。

知识储备：除了使用设备稳定拍摄，还有其他方法吗？

如前文所述，要想彻底稳定拍摄，最好的办法还是使用手机云台进行稳定。但如果受限于经济或其他原因，则建议大家在手持拍摄时最好打开手机自带的防抖功能，同时在拍摄过程中尽量横持手机进行拍摄，这样的好处就是能够双手握持手机，使机身更加稳定，减少画面的抖动，如图 3.33 所示，在拍摄特写、横向镜头等画面时尤其重要。此外还可以借助外部环境，将双手倚靠在一些固定的地方来获得稳定性，如栏杆、墙壁、地面等，这样不仅能改变视频的拍摄角度，还能增加视频镜头的稳定性，从而会让视频的拍摄效果有一个大的提升，如图 3.34 所示。

图 3.33

图 3.34

技术指导：三轴手机云台的连接与使用。

很多情况下一部智能手机就可以完成很多拍摄任务，但如果想要把视频拍好，让更多的人喜欢和接受，则还需要一部手持云台。下面以智云 SMOOTH 4 云台为例，介绍手机和云台的连接和使用方法。其他品牌型号的云台方法操作基本类似，具体请查阅对应的说明书或询问相关客服人员。

（1）下载对应的 App。这里值得一提的是不同厂家生产的云台都配备了独立的拍摄应用，云台的大部分拍摄功能也需要通过安装应用来实现。在使用云台前，用户需要自行安装云台对应的 App。例如，智云 SMOOTH 4 云台就需在应用商店下载安装 ZY PLAY App，如图 3.35 所示。

（2）在完成手机的安装和平衡调整后，长按云台电源按钮开启设备。当设备激活后，开启手机蓝牙，并打开 ZY PLAY App，在 App 主界面单击"立即连接"按钮，如图 3.36 所示。

（3）待蓝牙搜索到云台设备后，单击设备名称后的"连接"按钮，如图 3.37 所示。待连接成功后，界面将出现提示信息，此时单击"立即进入"按钮，如图 3.38 所示，即可进入拍摄界面。

图　3.35

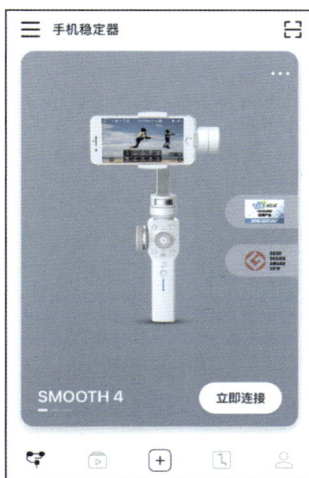

图　3.36

图　3.37

（4）进入拍摄界面后，如图 3.39 所示，即可通过按键操控或触屏操控，实现智云SMOOTH 4 云台各种拍摄功能的使用。

图　3.38

图　3.39

3.4.4　手机外接镜头

在经过一段时间使用手机拍摄视频之后，许多人可能会产生这样的疑问：为什么我拍出的视频总是不如别人的好看？简言之，这很大程度上是手机和单反相机之间的区别所致。手机的镜头是定焦镜头，焦距固定不变，当希望在画面中纳入更多元素，或者想要增强视频中的透视效果（即近大远小的效果）时，使用手机自带的镜头可能难以达到预期效果，因此在成像质量上会有所差异。这时，可以考虑使用手机外接镜头。

手机外接镜头的作用是在手机原有摄影功能的基础上进一步提升拍摄效果。目前市场上常见的手机外接镜头包括广角镜头、微距镜头和鱼眼镜头。使用时，只需将相应的镜头安装到镜头夹上，然后将镜头夹固定在手机的摄像头上方即可，如图 3.40 所示。

- 广角镜头：广角镜头是最常用的手机外接镜头，它的作用在于让手机也可以拍摄出广角镜头的大场景和明显的透视效果，如图 3.41 所示。需要注意的是，目前手机外接镜头产品的质量良莠不齐，便宜的广角镜头基本都会有严重的暗角和畸变。

图　3.40

图　3.41

- 微距镜头：使用微距镜头可以缩短最近对焦距离，将手机离被摄物体更近，适合拍摄花卉、昆虫等小物件，可以增加画面的趣味性，如图 3.42 所示。
- 鱼眼镜头：鱼眼镜头可以拍摄出比广角镜头更宽广的范围，并呈现出特殊的视觉效果，如图 3.43 所示。

图　3.42

图　3.43

3.4.5　音频设备

对于视频拍摄而言，声音与画面的重要性是并驾齐驱的。许多刚入门的新手往往会忽视这一点。在拍摄视频时，不仅要考虑到后期的声音处理，还必须确保现场声音的录制质量。由于很多视频创作活动都是在户外进行，如果仅依赖手机自带的麦克风录音，音质很难得到保障，且后期处理起来也相当麻烦。在这种情况下，使用手机外置麦克风等音频辅助设备，可以显著提升短视频的音质，并且可以简化后期的声音处理工作。

下面将介绍几种在手机短视频拍摄中常用的音频设备。

1. 线控耳机

手机配备的线控耳机是大家在日常拍摄中最常用的音频工具，如图 3.44 所示。使用时只需将其插入手机的耳机孔，便可以实时传输声音。线控耳机不需要额外成本，相对于昂贵的专业音频设备来说，它的音质效果一般，并且在降噪方面的性能有限。

如果是个人进行简单的拍摄，对音质要求不是特别高，使用线控耳机是一个不错的选择。在进行视频创作时，应尽量选择安静的环境录制声音，避免麦克风离嘴巴太近，产生爆音。如有必要，可以尝试在麦克风上方放置湿巾，这能有效减少噪声和防止爆音。

2. 智能录音笔

智能录音笔是基于人工智能技术制造的，集高清录音、录音转文字、同声传译和云端存储等功能于一体的智能硬件设备，体积小巧便携，非常适合日常携带使用，如图 3.45 所示。

与前一代数字录音笔相比，新一代智能录音笔最显著的优势在于能够实时将录音转换成文字。录音完成后，可以立即生成稿件并支持分享，这极大地便利了后期字幕编辑工作。此外，市面上大部分智能录音笔支持 OTG 文件互传功能，或通过应用程序控制录音、实时上传文件等操作，非常适用于手机短视频的即时处理和制作。

图　3.44

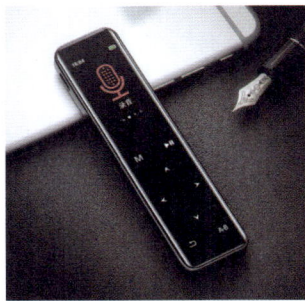

图　3.45

3. 外接麦克风（指向麦、有线话筒麦）

手机外接麦克风的特点是易携带、重量轻，与上述提到的线控耳机和录音笔相比，音质和降噪效果会更好。使用时，只需将自带的 3.5mm 接口的连接线与设备相连，就可以轻松地进行声音拾取，并与画面同步。市面上的外接麦克风品种众多，图 3.46 和图 3.47 所示分别为"外接指向麦克风"和"外接话筒麦克风"，前者适合近距离或者较为安静的环境下进行拾音；后者配有较长的音频线，声音录入者手持话筒，可以进行远距离拾音。

图 3.46

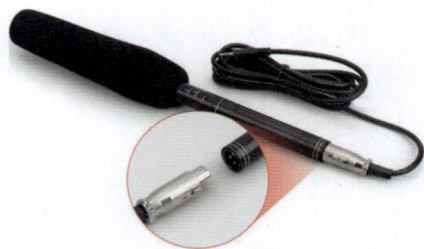

图 3.47

外置麦克风的选取非常关键，麦克风质量的好坏直接影响到语音识别的质量和有效作用距离，好的麦克风录音频响曲线比较平整，背景电噪声低，可以在比较远的距离录入清晰的人声，声音还原度高，因此大家在选取时最好多看、多比较，根据自己的拍摄情况，选取合适的外接麦克风。

知识储备：需要准备相关的麦克风配件吗？

单靠一只麦克风有时是无法满足拾音需求的，想要获得高质量的音频自然需要借助一些辅助设备，如吊杆、防雨罩、减振架、防风海绵罩等，这些可以根据具体拍摄场景进行选择。

4. 领夹麦克风

领夹麦克风适用于捕捉人物对白，分为有线领夹麦和无线领夹麦两种，如图 3.48 和图 3.49 所示。有线领夹麦适用于舞台演出、场地录制、广播电视等不需要拍摄人员和机器移动的场合；而无线领夹麦克风适用于同期录音、户外采访、教学讲课、促销宣传等场合。领夹麦克风具有体积小、重量轻等特点，可以轻易地隐藏在衣领或外套下。

图 3.48

图 3.49

知识储备：使用领夹麦克风时需要注意什么？

无线领夹麦克风一般配备发射器与接收器，需在有效范围内进行连接和使用。有线领夹麦克风一般支持手机即插即用（需为 3.5mm 耳机孔），部分情况下可搭配转接线、音频一分二转接头进行扩展使用。

5. 无线麦克风

无线麦克风主要是通过接收器与发射器之间的天线接收声音信号，并且配备独立的电源，因此可以进行长距离无线声音传输，如图 3.50 和图 3.51 所示。

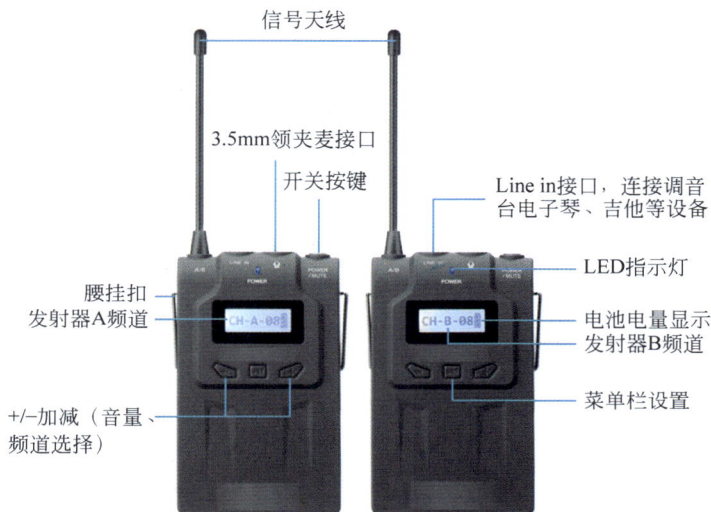

图　3.50

图　3.51

使用时，可以接入领夹麦克风，并尽可能将麦克风靠近嘴巴，避免因距离较远或是调整音量而产生噪声问题，部分支持低切功能的无线麦克风，建议将此功能开启。

3.4.6　补光灯与反光板

在良好的光线条件下，大多数人都能拍摄出画面质量比较好的视频，但是在室内或者光照环境比较复杂的情况下，就需要一些辅助光源了。

熟悉摄影的人都应该了解，灯光对于画面质量有着重要的影响。一般来说，当初学者开始拍摄短片时，他们对配光的技巧和原则不太重视。如果有照明效果的要求，例如，如果想在晚上拍摄视频，可以使用补光灯安排照明，如图 3.52 所示。补光灯比闪光灯的光线更加柔和，加装补光灯进行拍摄，可以有效地提亮周围拍摄环境或人物肤色，同时还具备柔光效果。

此外，市面上部分智能手机配备前置补光灯，如美图 T9 这类主打美颜拍摄的智能手机，当拍摄者处于较暗的拍摄环境下进行视频拍摄时，补光灯将长亮为当前环境补光，如图 3.53 所示，这一定程度上方便了日常的拍摄工作。

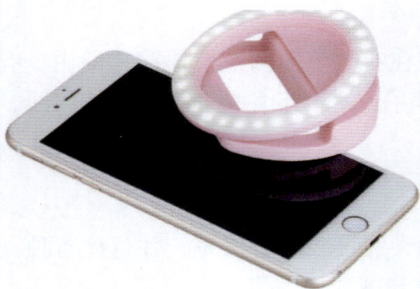

图 3.52

图 3.53

如果是在室外进行一些大场景的拍摄，可以使用反光板这一照明辅助工具，如图 3.54 所示。反光板轻便且补光效果好，可以起到辅助照明的作用，有时也可做主光使用。

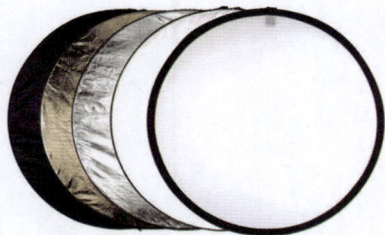

图 3.54

3.4.7 滑轨

如果想要拍出稳定、无顿挫感的平移镜头，则可以为手机加装滑轨进行拍摄，如图 3.55 和图 3.56 所示。

图 3.55

图 3.56

手机加装滑轨进行拍摄主要有以下优点。

• 滑轨一般采用铝合金材质制成，稳定性和承重能力有保障，并且可接相机三脚架、旋转云台，以满足不同角度和高度的拍摄需求。

• 使用滑轨拍摄不卡顿，拍摄的镜头顺畅，通过阻尼调节可有效减少拍摄时的噪声。

• 部分电动滑轨支持 App 操控，能有效地避免手推造成的失误，大大提高拍摄效率。

知识储备：如何挑选适合自己的设备？

上面已经对拍摄支架、云台、镜头、耳机等多种设备进行了介绍，如果读者仍然觉得模糊，可以参考下面针对各阶段的创作者给出的设备方案。

- 小白，毫无拍摄经验："手机 + 手机自带的耳机"即可，这样前期投入最小，主要以学习摸索为主。
- 有点基础的入门时期：推荐"手机 + 手机云台 + 领夹麦克风"组合，手机云台可以保障视频镜头的稳定性，领夹麦克风能满足该阶段创作者的音频收录，相对来说投入不算多，但拍摄效果会比小白时期高出不少。
- 可以拍视频盈利的专业阶段：推荐"手机 + 外接镜头 + 手机云台 + 无线麦克风 + 补光板"组合。"手机 + 外接镜头"可以做到不输单反相机的拍摄效果，而且能扩展镜头，达到真正的电影级画面，无线麦克风和补光板可以在拍摄时减少外部环境的影响，满足专业玩家的拍摄要求。

3.5　了解对焦与分辨率

使用智能手机拍摄短视频简单可行，而且耗费的成本也不高，可以说是门槛较低的一种拍摄方式。不同的智能手机型号不同，拍摄视频的功能，如分辨率、尺寸等，也会有所差别，但总体出入不大，操作步骤也基本相同。但不管何种手机，只要想拍出清晰度较高的视频，就需要先了解两个概念——对焦与分辨率。

3.5.1　对焦——影响拍摄时的清晰度

对焦，指的是用手机拍摄视频时调整镜头焦点与被拍摄物之间的距离。对焦是否准确决定了视频主体的清晰度。在用手机拍摄短视频时，如果未进行正确的对焦，那么整个画面将呈现一种模糊的状态，如图 3.57 所示。

图　3.57

而进行正确对焦后，画面就会变得清晰，如图 3.58 所示。因此，对焦的正确与否是保证画面清晰度的第一要素。

用手机拍摄视频时，除了可以对焦外，还可以实现自由变焦功能，将远处的景物拉近后进行拍摄。在视频拍摄过程中，使用变焦拍摄的优势在于可以避免因距离问题而需要不断移动位置的麻烦，只需站在固定的位置上就能够捕捉到远处的景象。

图　3.58

知识储备：为什么拍视频时画面时而清晰，时而模糊？

如果未特别设置对焦模式，大多数手机会默认使用自动对焦方式，这样在拍摄静止物体时相机能够自动调整焦距快速锁定焦点。然而，当拍摄动态物体时，由于物体的移动，自动对焦系统可能会不断改变焦点，导致画面时而清晰时而模糊。为了避免这种情况，可以在拍摄过程中关闭自动对焦功能，通过移动自己的位置来调整与被摄体之间的距离以保持焦点。

技术指导：手机的对焦拍摄。

手机视频拍摄的对焦方式主要分为自动对焦和手动对焦两种。手机的自动对焦本质上是基于内置于手机 ISP（Image Signal Processing，图像信号处理器）中的一套算法，手机利用此算法自动判断并聚焦拍摄者指定的主体；而手动对焦则允许拍摄者通过触摸屏幕上的特定位置来进行对焦，某些手机甚至可以通过设定快捷方式来实现这一功能。

接下来，我们以小米手机为例，向大家讲解如何进行手机的对焦拍摄。

打开手机自带的相机，进入拍摄界面后，切换至视频拍摄模式，可以看到画面中出现的黄色方框，这就是画面的对焦点，如图 3.59 所示。默认情况下，手机为自动对焦状态，因此在拍摄过程中，对焦点不会跟随某个固定对象，会随环境与主体的变化而发生位置的改变。

图　3.59

下面讲解手动对焦的方法。将镜头对准需要进行取景拍摄的地方，然后单击画面中的具体位置（即主体物所在位置），便可以实现视频对焦，如图 3.60 所示。单击拍摄按钮进行拍摄，此时可以手指轻触画面中的任意对象，改变对焦点的位置。

图　3.60

此外，通过手机的"自动曝光 / 自动对焦锁定"功能，可以使对焦点始终固定在一个位置，从而拍出文艺感十足的失焦视频效果。以夜间拍摄灯光为例，图 3.61 所示为未锁定对焦时的拍摄效果，画面表现力非常一般。

图　3.61

将镜头对准一个距离较近的物体上，如红色玩偶处，将曝光点对准这类物体，然后长按手机屏幕（曝光点所在位置），在屏幕曝光点中心出现"锁头"图标，如图 3.62 所示，这代表此时曝光效果和对焦点已被锁定。

图　3.62

锁定曝光和对焦后，迅速移动手机，将镜头对准要拍摄的灯光对象。此时会发现镜头中的曝光设置还是刚才的状态，如图 3.63 所示。

图　3.63

利用上述方法，结合创意，可以拍出各种曝光不足或有趣的失焦效果。在进行对焦拍摄时，需要注意以下几点。

- 黄色对焦框旁的小太阳代表画面曝光，上滑可增加亮度，下滑可降低亮度。在拍摄时，对焦的部位不同，画面的明暗度也会有所不同，在拍摄视频时，务必进行正确的对焦，不要令画面过暗。
- 在对近距离物体进行对焦时，要在有效的距离内实现近物对焦，以保证主体物的清晰度。
- 在进行失焦效果的拍摄时，对近距离物体对焦成功后，不要改变对焦的位置（即随意再单击屏幕其他地方），此时调整镜头拍摄远景时，要注意时刻保持镜头的失焦状态，在上下滑动屏幕调整曝光时，动作要轻柔，避免误触再次对焦。

3.5.2　分辨率——影响输出时的清晰度

想要拍摄一段好的视频，视频画质是最基本的要求，成像质量有 50% 取决于手机摄像头的像素，剩下的 50% 取决于拍摄参数的设置。很多手机在拍摄时可以选择调整分辨率、画质等级、亮度、格式等参数，本书建议读者尽量选择较高的分辨率、画质和易于编辑的格式，以保证得到最佳的视频品质。

1. 480P 标清分辨率

480P 标清分辨率是如今视频中最为基础的分辨率。480 表示的是垂直分辨率，简单来说就是垂直方向上有 480 条水平扫描线；P 是 Progressive 的缩写，代表逐行扫描。不管是拍摄视频时，还是观看视频时，480P 分辨率都属于比较流畅、清晰度一般的分辨率，而且占据的手机内存较小，在播放时对网络方面的要求不是很高，即使在网络不是太好的情况下，480P 的视频基本上也能正常播放。

2. 720P 高清分辨率

720P 的完整表达式为 HD 720P，其常见分辨率为 1280 像素 ×720 像素，使用该分辨率拍摄出来的视频声音具有立体声的听觉效果。这一点是 480P 无法做到的，不管是视频拍摄者，还是视频观众，如果对音效要求较高，采取 720P 高清分辨率进行视频拍摄是一个不错的选择。

3. 1080P 全高清分辨率

1080P 在众多智能手机中表示为 FHD 1080P，其中，FHD（Full High Definition）意为全高清。它比 720P 所能显示的画面清晰程度更胜一筹，因此对于手机内存和网络的要求也就更高。它延续了 720P 所具有的立体声功能，但画面效果更佳，其分辨率能达到 1920 像素 ×1080 像素，在展示视频细节方面，1080P 有着相当大的优势。

4. 4K 超高清分辨率

4K 在部分手机中表示为 UHD 4K，UHD（Ultra High Definition），是 FHD 1080P 的升级版，分辨率达到了 3840 像素 ×2160 像素，是 1080P 的数倍之多。采用 4K 超高清分辨率拍摄出来的手机视频，不管是在画面清晰度还是在声音的展示上，都有着十分强大的表现力。

技术指导：视频录制分辨率的设置。

需要注意的是，分辨率越高，拍摄出来的视频质量就越好，但是占用的内存也会越大。以主流的 1080P 全高清视频为例，拍摄一个 1 分钟的短视频所需的空间最少为 100M，如果拍摄 2K 或者 4K 视频，所需的空间就会更大。而在实际拍摄中，要达到预想的创意或效果，一般会拍摄多遍或多段素材，所以手机务必要预留一定的空间，确保拍摄工作能正常进行。

手机的视频拍摄分辨率是可以自行设置的，如果觉得默认分辨率不合适，或者是占用内存过大，可以通过调整视频录制分辨率来改善。下面以 iOS 系统为例，为大家简单讲解视频拍摄分辨率的设置方法。

（1）进入手机的"设置"界面，下拉找到"相机"选项，如图 3.64 所示。

（2）单击"相机"选项，进入"相机"设置界面，在这里可以看到手机默认的视频拍摄分辨率为"1080p，30fps"，如图 3.65 所示。

图　3.64

图　3.65

（3）单击"录制视频"选项，进入"录制视频"设置界面，在其中可以选择不同的视频录制分辨率，越往下清晰度越高。在下方还显示了不同选项所需的空间大小等详细信息，如图 3.66 所示。

需要注意的一点是，如果录制 4K 超高清分辨率的视频，那么除了要在"录制视频"设置界面里选择对应分辨率选项以外，还要在"相机"设置界面中对"格式"选项进行设置，将相机拍摄视频的格式设置为"高效"，如图 3.67 所示。

图　3.66

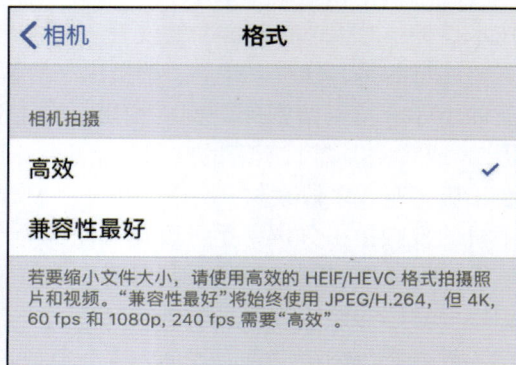

图　3.67

知识储备：安卓手机如何调整拍摄分辨率？

市面上部分安卓系统的手机，可以在视频拍摄界面中直接进行拍摄分辨率的设置。一般是在拍摄界面中单击齿轮形状的设置按钮，进入设置界面对拍摄分辨率进行调整。不同手机的设置会有所差异，大家可以根据自己所用机型进行相关设置。

3.6　拍摄画幅的设置

在拍摄手机视频的过程中，要根据不同的场景、拍摄主体，以及拍摄者想要表达的不同思想来适当变换画幅。画幅在一定意义上影响着观众的视觉感受，为视频选择一个合适的画幅，是拍摄优质短视频的关键。

平时在各大短视频平台上，最常见的就是横画幅和竖画幅视频。大家不要以为只有这两种画幅可以使用，其实还有正方形画幅、宽画幅和超宽画幅这几种好用的画幅可以选择。下面就为大家分别讲解这几款画幅的特点及其适用的拍摄场景。

3.6.1　横画幅

使用横画幅拍摄的画面呈现出水平延伸的特点，比较符合大多数人的视觉观察习惯，可以给人带来自然、舒适、平和、宽广的视觉感受，十分适用于拍摄风景类的短视频，能更好地呈现风景的壮阔美感，如图 3.68 所示。另外，横画幅还可以很好地展现水平运动的趋势，如果要拍摄奔跑的运动员、行驶的车流等动态场景，也可以考虑首选横画幅。

图　　3.68

3.6.2　竖画幅

竖画幅是如今短视频领域中非常常见的一种画幅，尤其是人物主题的视频。竖画幅只需拍摄者竖持手机进行拍摄即可，相对横画幅来说，竖画幅可以把自己天然"拉长变瘦"而不是"变宽变胖"，能够让主播或用户更好地展现自身形象，因此以手机 App 平台为主的视频主播以该画幅为主，如图 3.69 所示。

图　　3.69

知识储备：竖屏视频可能会是下一个热点？

一般而言，横屏观看已成为一个基本共识，横屏 16∶9 被认为是最符合用户观看习惯

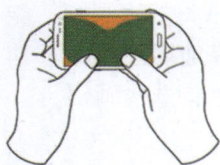

6%

94%

图　3.70

的设置。但过去几年人们都是竖着拿手机观看视频，无论是用户的体验反馈，还是广告主的投放倾向，诸多数据都表明短视频就该竖着看。75% 的短视频在移动端播放，而 94% 的手机用户习惯把屏幕方向锁定，如图 3.70 所示。据统计，微信朋友圈一年内竖屏广告投放比例增加了 46%。

目前大多数移动端视频 App 都是采用竖式信息流的方式呈现布局，用户只需单手上下或左右滑动手指即可切换视频，能带给用户更流畅的阅读体验。因此从用户角度来说，竖视频极有可能是未来短视频领域的热点。

3.6.3　正方形画幅

正方形画幅的长宽比例为 1：1，是一种非常方正的视频拍摄画幅。一般来说拍摄视频很少会采用形状标准的画幅，因为这样的视频在观看体验上来说颇为怪异，会不自觉地将观众的注意力往中心点上引，不利于视频中其他部分的展示。

但是在手机视频的拍摄当中，正方形画幅可以充分利用手机的屏幕空间，例如，在出来的地方添加说明性的文字作为视频标题，反而能得到一些意想不到的效果，如图 3.71 所示。也可以利用正方形画幅本身的特点，将被拍摄物放置在镜头中央的位置，进行重点突出，大多数手工或开箱实拍类视频都会采用这种画风，如图 3.72 所示。

图　3.71

图　3.72

手机拍摄参数的设置

许多人在看到别人拍摄的照片时，总觉得很高大上、专业，自己拍的却不好看，认为是手机的问题，或是像素不高的原因，但其实只是因为没有用对方法。除了第 3 章讲到的一些拍摄技巧之外，手机的参数设置也非常重要，在不同的环境下设置不同的参数，就能够使画面产生不一样的视觉效果，只要参数调得好，也能拍出专业级的画面效果。

4.1 设置基本参数

目前市场上绝大部分安卓手机自带的相机都具备专业的拍摄模式，它是模仿专业单反而研发出来的模式，能够调整专业的拍摄参数，从而发挥相机的最大性能。

下面以安卓系统手机为例进行讲解。首先打开相机，在主界面下方有个"更多"选项，如图 4.1 所示。单击"更多"下的"编辑"选项，在弹出的面板中单击"专业"选项，如图 4.2 所示，即可进入专业模式。

图　4.1

图　4.2

4.1.1　快门时间

所谓快门时间指的是快门打开时间的长短，在相机的专业模式中用"s"表示秒，如1/4000s，1/4s等。数值越大，曝光时间越长，画面就会越亮，如图4.3所示。数值越小，曝光时间越短，画面就会越暗，如图4.4所示。

图　4.3

图　4.4

快门速度除了对画面的明暗有影响之外，还可以分为快门和慢门，用来记录画面的运动轨迹。慢门用于拍摄夜景、流水痕迹、星轨等，如图4.5所示，快门用于抓拍，定格画面瞬间等，如图4.6所示。

图　4.5

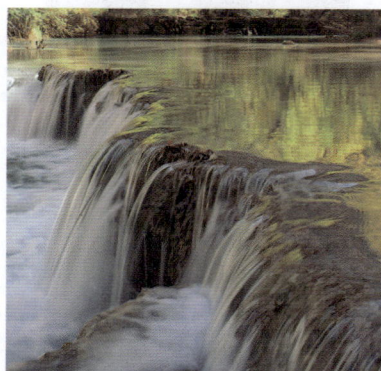

图　4.6

4.1.2　感光度

感光度就是ISO（International Standards Organization），指的是手机镜头内的感光元件

对拍摄环境光线的敏感度。ISO 数值越高，画面质量越差（噪点多），如图 4.7 所示。ISO 数值越低，画面质量越好（噪点少），如图 4.8 所示。因此在光线充足的环境下拍摄感光度越低越好，一般调到 50~100 即可，拍摄夜景时可以适当调高一些感光度。

图　4.7

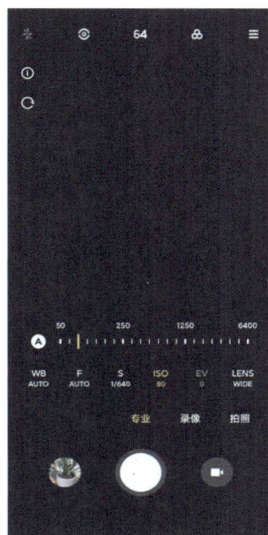

图　4.8

4.1.3　曝光补偿

曝光补偿的作用就是给画面增加或者降低曝光，在相机的专业模式中用 EV（Exposure Value）表示，数值越大画面越亮，数值越小画面越暗，如图 4.9 和图 4.10 所示。

图　4.9

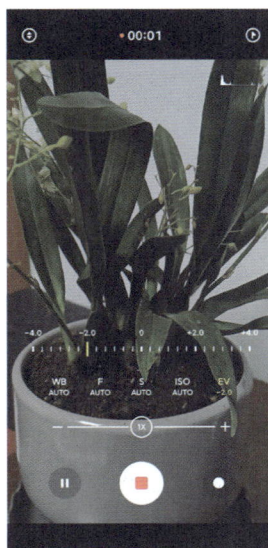

图　4.10

4.1.4 白平衡

白平衡指的是在不同色温的条件下，拍出来的画面会出现偏色的情况，如在日光灯下会偏蓝，在白炽灯下会偏黄。这种情况下就可以通过调整相机的色彩使拍出来的影像抵消偏色达到自己想要的效果，或是更接近人眼的视觉习惯。

在相机的专业模式中，白平衡用 AWB（Automatic White Balance）表示，这个模式也相当于灯光，提供了多种模式的选择，如灯光、多云、日光等，如图 4.11 和图 4.12 所示。

图　4.11

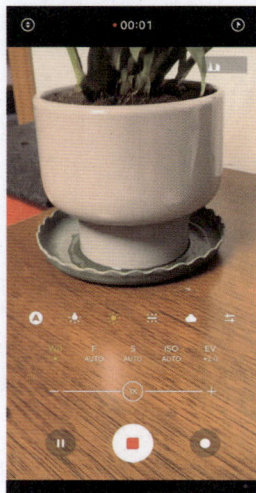

图　4.12

白平衡除了可以选择模式之外，也可通过 K 值（色温值）来表示，在这些模式的最后有个按钮，单击此按钮就能自动调整白平衡数值，数值越低色调越冷，数值越高色调越暖，如图 4.13 和图 4.14 所示。

图　4.13

图　4.14

4.2　拍摄模式的选择

现在的绝大部分手机为了使拍摄更简单、更具有特色，会根据现场的环境调节不一样的拍摄模式进行拍摄，如夜景拍摄、人像拍摄等，可以让拍摄者更加方便。

4.2.1　全景拍摄

全景拍摄指的是在拍摄时自由移动镜头，将镜头所扫描的景物都集合到一个画面中，这样拍摄可以使画面更宽广，内容更丰富，如图 4.15 所示。

图　4.15

现在一般的手机拍摄模式中都有全景拍摄，使用方式相对于单反相机来说也简单许多。下面介绍一下用手机如何拍摄全景，具体操作方法如下。

（1）在相机的拍摄模式中选择"全景"，如图 4.16 所示。

（2）按下快门根据箭头提示由左向右移动手机，如图 4.17 所示。

（3）如果需要拍摄竖屏画面，可以单击画面顶端的竖向按钮，进行切换，如图 4.18 所示，就可实现由下往上拍摄画面。

图　4.16

图　4.17

图　4.18

通过上述方式拍摄全景许多人会觉得很简单，但想要拍好全景可不容易，下面是拍摄全景时需要注意的几个问题。

- 转动要慢，且保持匀速，忽快忽慢会造成画面的色彩出现波痕，转动太快会导致无法正常拼合保证画质。
- 拍摄过程中尽量避免画面抖动，抖动幅度过大，相机会自动终止全景照片的拍摄。
- 拍摄时确保手机在同一水平线移动，移动时可以参考画面中的箭头水平移动。

4.2.2　延时摄影

延时摄影又叫缩时摄影，是一种将时间压缩的拍摄技术，其拍摄的是一组照片或是视频，后期通过照片串联或是视频抽帧，把几分钟、几小时甚至是几天几年的过程压缩在一个较短的时间内以视频的方式播放，可以呈现出一种平时用肉眼无法察觉的奇异精彩景象。延时摄影通常应用在拍摄变化比较缓慢的景物中，如城市风光、自然风景、天文现象、城市生活、生物演变等。

现在大部分手机都具备延时摄影功能，只需切换到延时摄影模式，像拍摄视频照片一样单击快门键就可进行拍摄，如图 4.19 所示。

图　4.19

拍摄延时摄影需要注意以下问题。

- 手机要保持绝对的稳定，三脚架是必不可少的设备。
- 要保证充足的电量，如果拍摄时间过长，可以准备好移动电源，避免拍摄一半时手机没电。
- 一定要将手机调到飞行模式，避免在拍摄中电话、短信的干扰。

- 提前设置好手机锁屏时间，避免在拍摄中手机突然黑屏，解锁过程会增加画面抖动。
- 一个场景拍摄的时间不宜过长，建议多个角度拍摄，后期对所有素材进行合成。

4.2.3　慢镜头拍摄

慢镜头指的是在正常情况下，电影放映机和摄影机转换频率是同步的，即每秒拍 24 幅，放映时也是每秒 24 幅。这时画面播放的是正常速度。如果摄影师在拍摄时，加快拍摄频率，如每秒拍 48 幅，那么同样的内容，播放时间会延长一倍，当然播放速度也会放慢一倍，这时屏幕上就会出现慢动作。这样的拍摄手法通常称为慢镜头。

慢镜头给人最直观的感受就是画面突然变慢了，所以比较适用于一些快速变化的景象，如湍急的水流、下雨、下雪、动物动作或人物动作特写等。

下面以华为手机为例介绍如何拍摄慢镜头，具体操作方法如下。

（1）打开手机相机，选择底部的"更多"选项，在弹出的面板中选择"慢动作"模式，如图 4.20 所示。

（2）进入慢动作拍摄界面，单击快门按钮就可开始拍摄，如图 4.21 所示。

图　4.20

图　4.21

4.2.4　夜景拍摄

夜景是经常拍摄的场景之一，夜景属于弱光的拍摄环境，手机在弱光下拍摄，成像会直线下降。因此，想要拍出好的夜景效果就需要选择好的拍摄环境，抓住拍摄时机，以及使用专业的拍摄模式进行拍摄，可以让手机拍摄夜景的成像质量得到最大的保障。

手机拍摄夜景可以使用专业拍摄模式或夜景拍摄模式，许多手机上都有专门针对夜景的拍摄模式，下面以华为手机的夜景拍摄模式为例进行讲解。

（1）打开手机的相机功能，单击底部的"更多"选项。在打开的界面中单击"夜景"按钮，如图 4.22 所示。

（2）切换好夜景模式之后，单击快门就可进行拍摄，如图 4.23 所示。

图 4.22

图 4.23

拍摄夜景时需要注意以下问题。

- 选择合适的景物作为主体，不要选择太暗的景物作为主体，应该选择有光线照射或是自身发光的物体作为主体。
- 要对焦准确，让主体更清晰，如果拍摄主体是近处的发光物体，拍摄时应调整曝光，让周边的环境不要太暗。如果主体离得太远，应靠近些拍摄，不然会出现虚化的情况。
- 在很多拍摄夜景的模式中都会有自动延长曝光时长，尤其在按下快门之后，不宜马上放下手机，在曝光还没结束时，应该保持手机的稳定，可以借助辅助器材稳定拍摄。
- 时间的选择也很关键，日落后的 30 分钟左右是拍摄的最佳时间，这时天空会表现出蔚蓝的颜色，建筑物的轮廓也很清晰，拍摄出来的夜景效果是比较满意的。

4.2.5　人像拍摄

人像拍摄主要是针对双摄像头手机定制的一项拍照新功能，其作用是可以带来类似单反相机的背景虚化效果，能够使主体更为突出，背景图像会被虚化，整体风格更加唯美，具有艺术性。人像拍摄的具体操作方法如下。

（1）打开相机功能，切换至底部的人像模式，在人像模式中，单击右下角的按钮可以调整美颜等级，如图 4.24 所示。

（2）单击左下角的按钮可以调整光源，如图 4.25 所示。

图　4.24

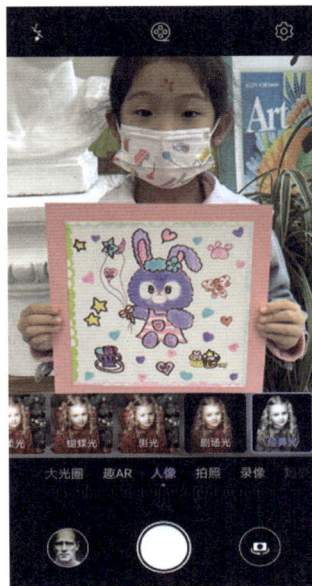

图　4.25

拍摄人像时需要注意以下问题。

- 拍摄人像时尽量选择人像模式，可以使背景虚化，让主体更为突出。
- 选择合适的对焦位置，因为对焦对准的是一个平面，离平面越远，成像就会越模糊，因此在拍摄人像时对焦最好对在眼睛上。
- 背景尽量选择色彩单调的，最好在柔光的环境下，采用侧光或者顺光拍摄，以确保人的面部曝光合适。

4.3　拍摄常用辅助功能

在日常的拍摄中，除了可以用到一些外在设备来辅助拍摄之外，手机也提供了一些自带的功能来辅助拍摄。

4.3.1　网格功能

想要拍摄满意的作品，构图非常重要，如三分构图法、对角线构图法、黄金比例分割法等，但无论哪种构图法，都需要用到网格功能，也就是人们常说的"九宫格"，如图 4.26 所示。

九宫格可以帮助摄影师轻松构图。摄影师只需把拍摄主体放在网格中的任意一个交叉点，就能很好地完成构图，因为九宫格的 4 条线交汇的 4 个点更容易吸引人的目光，被称为视觉集中点，如图 4.27 所示。

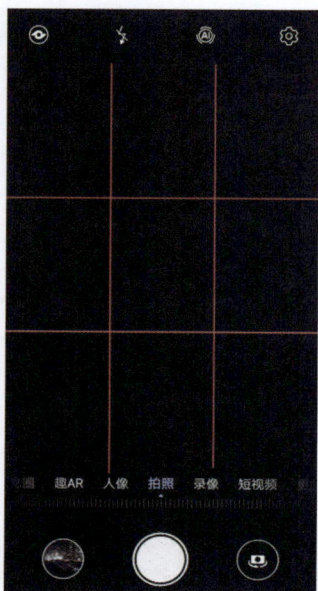

图 4.26

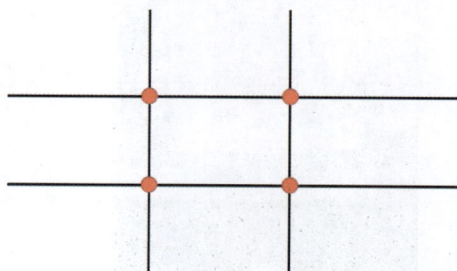

图 4.27

现在的手机自带的相机几乎都有网格功能，其他拍摄软件也有相应的辅助参考线，都可以在设置中打开，具体操作方法如下。

（1）在桌面打开相机功能，单击设置按钮，如图 4.28 所示。

（2）进入设置界面后，单击"参考线"按钮，如图 4.29 所示。

（3）设置完毕之后就可进入"参考线"界面进行选择，如图 4.30 所示。

图 4.28

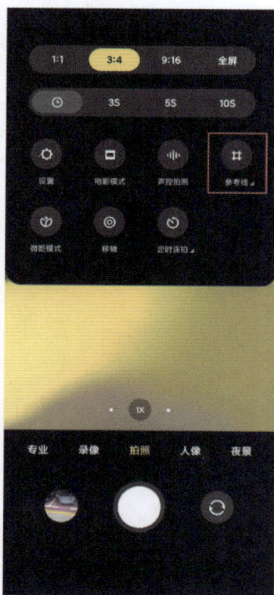

图 4.29

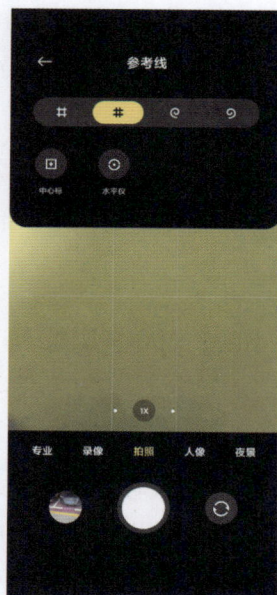

图 4.30

4.3.2　锁定对焦

锁定对焦指的是锁定与拍摄对象之间的对焦距离，一旦锁定，镜头将不再重新对焦距离。好处就是能使画面二次构图，突显拍摄主体。另外在拍摄一些分散物体时，如窗户上的水滴、分散的小花等，都可以用锁定对焦。

锁定对焦的具体操作方法如下。

（1）打开手机的相机功能，在拍摄界面单击拍摄主体，此时出现对焦框，如图 4.31 所示。

（2）在对焦框上长按大概 2s，在对焦框中间出现一个黄色锁头标志，如图 4.32 所示。此时拍摄主体离手机镜头的距离，就是我们指定并且已经固定的对焦距离。之后无论怎么取景，都保持着刚刚锁定的对焦距离。直到拍摄完成或者我们再次触摸单击屏幕对焦，对焦锁定才算解除。

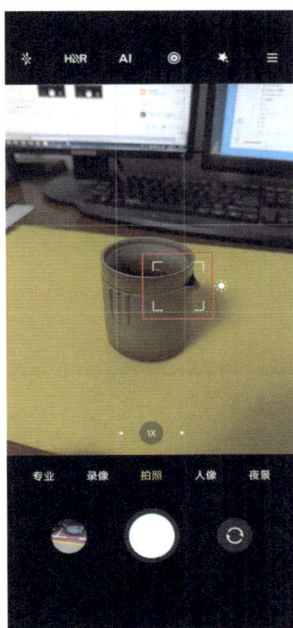

图　4.31

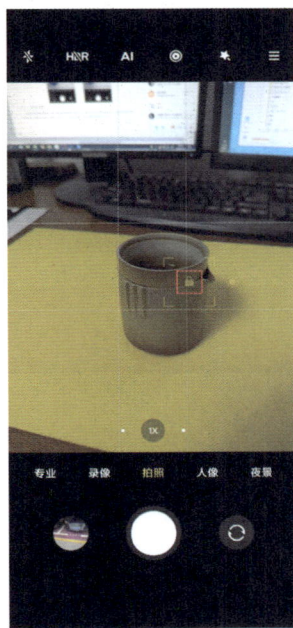

图　4.32

4.3.3　时间水印

使用手机拍照时，很多人都会想要给照片添加水印，而水印的分类也多种多样，如手机型号水印、日期水印以及地点水印等。给照片添加水印可以用来记录，或是让照片变得更吸引人。

下面将介绍如何给照片添加水印，具体操作方法如下。

（1）在主界面中将相机打开，在手机底部单击"更多"选项，在弹出的面板中单击水印按钮"⊙"，如图 4.33 所示。

（2）在水印选项中可以选择各种喜欢的效果，如图 4.34 所示。

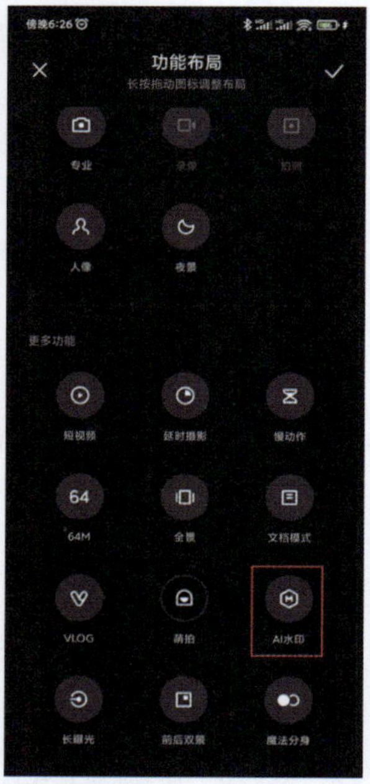

图　4.33

图　4.34

4.3.4　补光灯

手机补光灯相信大家都不陌生，但大多数人都拿来当手电筒，但其实补光灯在拍摄中发挥着很大的作用。

1. 补光作用

补光灯是常用的补光设备，主要在拍摄光线不足的情况下使用，由于补光灯的照射距离和亮度是有限的，因此想要补光灯产生良好的效果就需要满足以下条件：弱光环境、近距离、小物体。

2. 突显主体

在夜晚拍摄人像时，选择颜色较深或是较暗的背景，这时使用补光灯可以更加突出主体，如图 4.35 所示。

3. 逆光拍摄人像

逆光拍摄人像，不管是白天还是晚上都会用到。拍摄人物后方光线比较充足，由于人体的遮挡，人物面对镜头的部分会比较暗。这时打开补光灯，会很好地改变画面的亮度，特别是脸部。

补光灯的打开方式是在拍摄界面中，单击上方的闪电标识，如图 4.36 所示，选择"开"即可将补光灯打开。

图　4.35

图　4.36

第 5 章

微单相机短视频拍摄技巧

在当今数字化时代，微单相机已成为许多短视频创作者的首选工具。它们小巧便携、功能强大，能够满足我们在各种场合下的拍摄需求。随着技术的发展，微单相机的视频拍摄功能也越来越强大，甚至已经可以媲美专业摄像机。首先，我们需要了解微单相机的基本操作。微单相机的操作方式与普通数码相机类似，主要包括调整焦距、曝光和白平衡等，但由于微单相机的视频拍摄功能更为复杂，因此我们需要花更多时间熟悉和掌握这些操作。

其次，我们需要选择合适的拍摄模式。微单相机通常提供多种拍摄模式，包括自动模式、手动模式和电影模式等。在拍摄视频时，我们可以根据自己的需求和技术水平选择合适的模式。例如，如果你是初学者，可以选择自动模式让相机自动调整所有参数；如果你有一定的摄影技术，可以选择手动模式自己调整所有参数。

此外，我们还需要选择合适的镜头。微单相机的镜头种类繁多，不同的镜头有不同的特性和用途，在拍摄视频时，我们需要选择适合视频拍摄的镜头。例如，如果我们需要拍摄大范围的场景，可以选择广角镜头；如果我们需要拍摄近距离的细节，可以选择长焦镜头。

用微单相机拍摄视频并不难，只要我们掌握了基本的操作技巧并选择了合适的拍摄模式和镜头就可以拍出高质量的视频。

那么，如何用微单相机拍摄高质量的视频呢？本章我们将给出答案。

5.1　微单相机的选择

市面上有哪些型号的微单相机呢？让我们一起来了解一下。

首先我们要提到的是索尼（Sony）的微单相机系列，如图 5.1 所示。作为全球知名的电子产品制造商，索尼的微单相机在市场上拥有很高的知名度和口碑。其中，索尼 α7 系列是该品牌旗下的高端微单相机系列，以其出色的画质、高速连拍和全画幅传感器而受到专业摄影师的喜爱。此外，索尼还推出了 α6000 系列、α5000 系列等中低端微单相机。

除了索尼，佳能（Canon）也是摄影领域的佼佼者。佳能的 EOS M 系列微单相机在市场上同样具有很高的人气。EOS M 系列相机以其轻巧的机身、出色的对焦性能和丰富的镜头选择而受到好评。佳能还推出了多款针对不同消费群体的微单相机，如 EOS M100、EOS M5 等，如图 5.2 所示。

尼康（Nikon）作为一家摄影器材巨头，其 Z 系列微单相机也备受关注。尼康 Z 系列相机采用了全新的无反设计，拥有高像素传感器、强大的对焦系统和优秀的低光性能。尼康 Z 系列相机包括 Z6、Z7、Z5 等多个型号，为消费者提供了丰富的选择。

图　5.1

图　5.2

5.2　微单相机的正确持机方法

采用正确的拍摄姿势能够确保我们顺利完成拍摄，并保证拍摄质量。为了防止手抖动，我们应该掌握正确的相机持机方法。

在竖向持机时，握持相机手柄的手一般位于上方。然而，当握持手柄的手位于上方时，手臂更容易张开，因此需要特别加以注意。在降低重心进行拍摄时，应该单膝着地，用一只膝盖支撑手臂，这样可以避免出现纵向手抖动，如图 5.3 所示。

图　5.3

在实际的拍摄过程中，除了使用三脚架固定相机进行拍摄外，持机方法和姿势也会随着拍摄场景的变化而有所不同。然而，无论采用何种持机姿势，只要能够尽可能地避免相机出现抖动即可，最终完成拍摄，提高拍摄的成功率。

在横向持机时，左手应从镜头下方托住相机以保持稳定。轻轻收紧双臂以防止相机出现抖动。站姿拍摄的时候左手自然弯曲，胳膊肘紧贴自己的身体，避免手臂悬空而晃动。右手可以自然放开，轻握相机手柄，食指轻轻放在快门上。图 5.4 所示为拍摄姿势对比图。

错误的拍摄姿势　　　　　　　　正确的拍摄姿势

图　5.4

5.3　微单相机视频拍摄参数设置

　　微单相机曝光模式的设定方式基本分为两种，一种是转盘形式，另一种是按键和拨盘相结合的操作模式。相机定位不同，设置模式的设定方式也有差别。下面我们以较为常用的索尼微单相机为例，介绍视频拍摄时的参数设置。

图　5.5

　　首先我们将相机的模式旋转到视频模式，如图 5.5 所示。然后按下快门键即可拍摄视频（如果想关闭拍摄，则再次按下快门）。

　　按下 Menu 键，打开相机的设置界面，在相机设置界面，可以设置视频的画质、尺寸、画面比例以及文件格式等参数。

　　将"纵横比"设置为 16∶9,这是视频的通用尺寸，方便后期统一剪辑，如图 5.6 所示。

图　5.6

　　将"文件格式"设置为 XAVC S HD,这是中等画质设置（相当于手机 1080P 的清晰度），如图 5.7 所示。

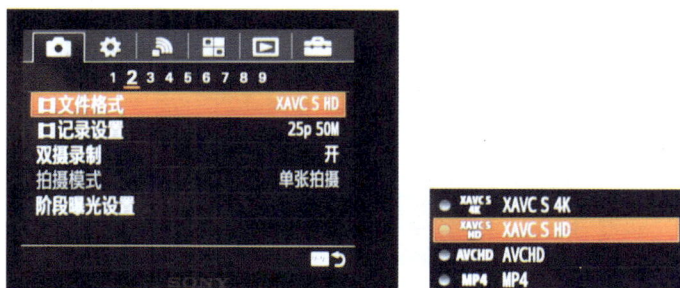

图　5.7

如果想要录制清晰度更高的视频，可以将"文件格式"设置为 XAVC S 4K，这是 4K 画质的高清晰度视频格式。"记录设置"可设置为 25p 100M，拍摄出来的文件占用存储空间较大，需要有较大的存储卡，如图 5.8 所示。

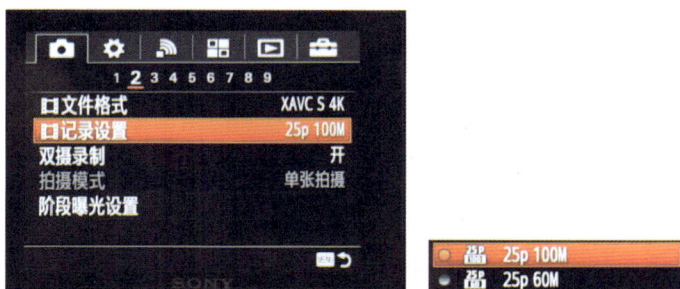

图　5.8

设置"双摄录制"为"开"，可以将高清视频备份一份低分辨率（720P）的文件，便于观看视频小样和网络传输（4K 尺寸的视频文件无法通过相机的无线网络传输到手机上进行观看），如图 5.9 所示。

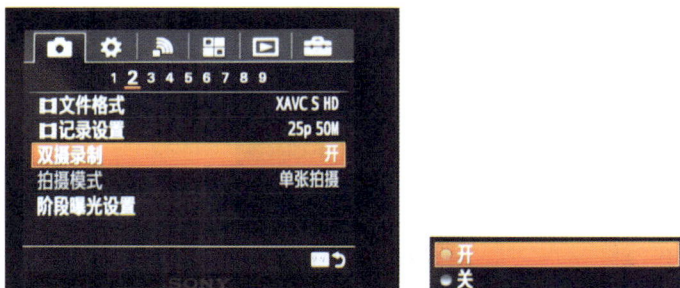

图　5.9

如果拍摄运动画面，可将"对焦模式"设置为"连续 AF"；如果仅拍摄静止画面，则可将"对焦模式"设置为"手动对焦"，如图 5.10 所示。

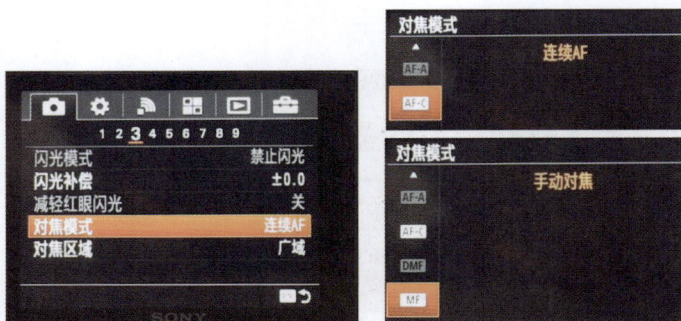

图 5.10

5.4　正确的拍摄曝光

相机的快门速度和光圈大小的配合决定了感光元件——即胶片或数码感光器件的曝光程度。在曝光过程中，通过调整快门速度和光圈大小以达到理想的图像亮度，这一过程被称为曝光控制。通常，我们需要借助测光表或利用相机内置的测光系统来测量被摄物体的光线亮度，从而确定合适的曝光值（Exposure Value，EV），也就是适当的光圈大小和快门速度组合。快门速度越快，意味着越少的光线能够通过镜头进入相机，因此为了获得正确的曝光，需要使用更大的光圈；反之，如果快门速度较慢，会有更多光线进入相机，因此需要使用较小的光圈。在实际拍摄中，摄影师需要根据具体的拍摄条件和创作意图来平衡调节快门速度和光圈大小，以实现期望的曝光水平。图 5.11 展示了一张曝光得当的照片。

下面是同一场景的曝光对比图。

曝光过度：画面的整体色调偏亮，暗部层次得到较好的表现，亮部没有层次，如图 5.12 所示。

正常曝光：图像中的亮部到暗部都得到较好的表现，层次非常丰富，如图 5.13 所示。

图　5.11

曝光不足：整体画面色调偏暗，没有亮部层次，画面层次不够丰富，如图 5.14 所示。

图　5.12

图　5.13

图　5.14

5.5　光圈与光圈优先模式

使用光圈优先模式时，可以单独设定光圈值，而相机会自动调整快门速度以获得合适的曝光。在相同的曝光量下，光圈和快门速度是成反比的。举例来说，如果增加一个光圈挡位以引入更多的光线，那么相应地降低一个快门速度挡位也能达到相同的曝光效果。在弱光环境下拍摄或需要模糊背景以突出主体时，通常会选择使用大光圈（如 f/2），这样设置后，相机会自动调节快门速度。在拍摄风景照片时，为了确保前景和背景都清晰可见，一般会选用小光圈（如 f/16）。如图 5.15 所示，为了得到蒲公英的背景虚化效果，使用了大光圈。

图　5.15

5.6　快门与快门优先模式

其实在外景拍摄城市风景时，慢速快门、小光圈、低感光度长时间曝光会得到很好的效果，那些不动的建筑物和运动的车辆划过的灯光会非常漂亮，不过必须要使用三脚架，如图 5.16 所示。

在表现高速运动的景物时（如水面），可以使用两种快门方式表现速度，慢速快门（如 2s）可以拍出模糊的动感，高速快门（如 1/1000s）可以表现出凝固的瞬间。此时应该设置拍摄模式为"快门优先"模式。如图 5.17 所示，左图拍摄速度为 1/1000s 可以拍摄清晰的水花，右图拍摄速度为 2s 可以拍摄模糊的水流。

图　5.16　　　　　　　　　　　　　　　　　图　5.17

5.7　测光与曝光

在进行曝光时，不应被画面中占据大面积的阴暗或亮色背景误导。测光应侧重于被摄主体及其周边区域的亮度读数。例如，在拍摄日出场景时，应以太阳周围的亮度作为测光的主要参考，而非直接对准太阳本身，这样可以避免由于太阳强烈的光线导致相机测光系统的误判，从而获得更为准确的曝光值。

当面对画面中存在大范围的亮色或暗色区域时，建议将相机设置为点测光模式，并针对一个中间色调的区域进行测光，然后保持该曝光设置重新构图并进行拍摄。如图 5.18 所示，在对比度高的场景下，应将测光点定位在明暗分界线附近（如山脉与天空的交界处），以便平衡曝光，捕捉到更多的细节。

图　5.18

5.8　矩　阵　测　光

矩阵测光和评价测光实际上是同一概念，它们都是通过将画面纵横分割成 64 个或 128 个区域来进行测光。这些模式以 18% 的灰度为基准进行曝光计算，并据此推荐光圈和快门速度的设置。另一种常见的测光模式是中央重点平均测光，它主要是以画面中央的区域作为测光的依据，并将读数平均到其他区域。这种测光方法的优势在于能够轻松获得均衡的画面效果，避免局部高光过度曝光，使得整个画面的直方图分布均匀。然而，矩阵测光（评价测光）的不足之处在于它可能无法适应多种复杂的光线环境，如在阴影中或逆光条件下可能不会得到理想的结果。如图 5.19 所示，当画面的对比度较低时，使用矩阵测光（评价测光）通常能够得到比较好的曝光效果。

图　5.19

5.9　点测光模式

点测光模式（也称为局部测光）使得测光元件仅对画面中一个很小的区域进行测量。这种模式是专业摄影师经常使用的，因为它允许摄影师通过多次对准被摄物体的不同部分来测量亮度，然后根据这些测量值手动设定曝光参数。

点测光尤其适用于舞台、表演以及逆光等光线条件复杂的场景。然而，随着矩阵测光（分区测光）模式的普及，纯粹的点测光模式在相机中的出现已经逐渐减少。尽管如此，有些相机品牌仍然坚持在其相机中提供中央重点平均测光（类似局部测光），这相比没有点测光功能的相机在处理一些光照条件复杂的场景时可以减小光线对主体的影响。

如图 5.20 所示，在拍摄时首先针对蜡烛的火光进行点测光，然后在构图时将蜡烛安排在画面偏左侧的位置，这样就能够确保主体得到正确的曝光，同时背景中的光线也不会对测光产生太大影响。

图　5.20

5.10　评价测光模式

评价测光模式是相机通过分析多个点测光数据后，自动提供一个最适合当前场景的曝光设置。在大多数情况下，尤其是当景物的对比度不是特别高时，相机会给出一个能够实现正确曝光的设置。对于摄影初学者而言，在学习过程中经常使用评价测光模式可以帮助他们更准确地对场景进行曝光。如图 5.21 所示，在自然风光等反差不是很大的场景下，采用评价测光模式通常是个不错的选择。此外，也可以利用点测光模式对多个关键点进行测量，然后根据得到的综合数据来确定最佳的曝光组合。

图　5.21

5.11　中央重点测光

中央重点测光是一种传统的测光模式，基于摄影者通常将主要拍摄对象放置在取景器中心的习惯，该模式认为画面中心的内容是最为关键的，因此负责测光的感光元件会给予画面中央区域的测光数据更大的权重，而画面中心以外的区域则对测光结果的影响较小，仅作为辅助参考。相机内部的处理器会对这两部分的数据进行加权平均，从而计算出最终的曝光值。这种测光方式特别适合拍摄个人旅游视频、特殊风景视频等场景。如图 5.22 所示，在拍摄时采用了中央重点测光模式。

图　5.22

5.12　局　部　测　光

局部测光是 TTL（Through The Lens，透过镜头）测光的一种方式，它专注测量画面中央部分的曝光水平，从而可以对被摄物体的各部位进行更精确的测光。在逆光或者光线条件复杂的场景中，使用局部测光能够帮助摄影师选择一个合适的区域进行测光，而不必靠近被摄物体进行测量。

佳能公司偏好使用中央重点测光（也称为局部测光），这一策略在处理光照条件复杂的场景时可以减少光线对主体的影响。如图 5.23 所示，在拍摄枫叶这类容易透光的薄片状物体时，测光应尽量避开极端亮或暗的区域，选择中间色调进行测量。此外，可以考虑使用黄金分割原则来构图，以达到更美观的视觉效果。

图　5.23

5.13　自然光拍摄技巧

自然光拍摄是一种普遍而基础的摄影方法，它主要利用阳光产生的光线进行拍摄。这类光线的显著特征是直接、自然，并且不受到摄影师控制照明设备的干扰。在利用自然光拍摄时，推荐选择柔和的光线条件，尽量避免强烈阳光直射的情况。室外拍摄宜选择多云天气或者在日出日落的黄金时段进行，因为这样的光线能够带来更均匀、柔和的光影效果。

5.13.1　测光模式选择

选择适当的测光模式非常重要，需要了解每种测光模式适用的场景。例如，评价测光模式适用于对比度不高的景物进行测光，对初学者而言较为实用；点测光（局部测光）适用于对比度较高的场景，通过针对特定位置的测光可以避免周围光线的干扰，是摄影师常用的模式；中央重点平均测光适合有明确主体的景物，主要针对主体进行测光同时考虑到周围环境，适合人像摄影。为了获得绝对准确的曝光，点测光模式是最佳选项，它只对一个很小的区域进行测光，能有效避免在光线复杂或逆光条件下环境光源对主体测光的影响，也是摄影师用于创意摄影时选择的测光模式。如图 5.24 所示，从图片中可以看出，景物的色调对比度不大，在选择测光模式时，可以使用评价测光。使用广角镜头拍摄风景时，由于景深大且成像范围宽广，因此评价测光能够提供均衡的曝光结果。

5.13.2　包围曝光

拍摄任何景物时，正确的曝光都是至关重要的，它决定了如何利用光线进行创作。在遇到景物对比度较高，难以准确测光的情况下，可以采用包围曝光模式以获得最佳的曝光效果。

包围曝光模式会基于相机自身测量的曝光值，连续拍摄三张不同程度的照片：一张欠曝、一张正常曝光以及一张过曝。通过分析这三张照片的影调，可以很容易地确定出最合适的曝光水平，如图 5.25 所示为包围曝光设置界面图。

图　5.24

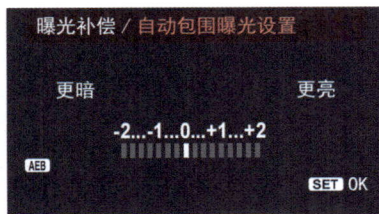

图　5.25

5.13.3　曝光补偿

曝光补偿允许在相机测得的曝光基础上增加或减少曝光量。需要理解的是，相机的测光系统通常将一切被摄对象按照 18% 的灰度（中性灰）来处理，不考虑物体本身是亮还是暗。因此，在拍摄时，摄影师需要根据实际场景调整曝光补偿：拍摄较亮的场景时，可以增加曝光量以避免照片欠曝；而拍摄较暗的场景时，可以减少曝光量以避免照片过曝。这样可以更准确地还原景物原有的明暗色调。图 5.26 所示为不做曝光补偿和正补偿的效果对比。

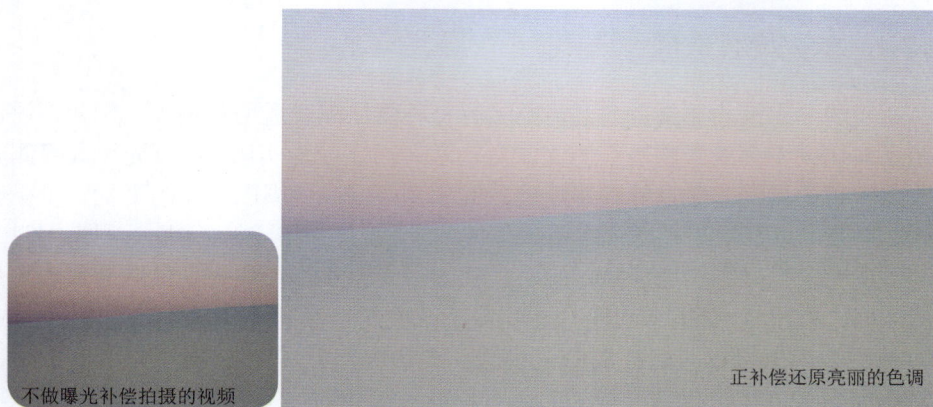

不做曝光补偿拍摄的视频

正补偿还原亮丽的色调

图　5.26

图 5.27 所示为不同曝光补偿的效果对比。

图　5.27

5.13.4　色温的变化

很多摄影爱好者都尝试过拍摄黄昏，但往往拍了几张后发现作品中并没有黄昏的感觉，缺少天空的金黄和水面的金色。问题就在于如何让视频中的黄昏看起来更"黄"，这实际上涉及色温的调整。如果将相机的色温设置为 5500K，而环境的色温大约是 2500K，这样就能使所拍摄的视频呈现偏黄色调。如图 5.28 所示，它展示了在不同色温设置下照片颜色的表现。

色温：8000K

色温：2800K

色温：5000K

图　5.28

当彩霞出现时，通常意味着色温较低，如图 5.29 所示，我们常常希望增强彩霞中的红色或黄色。为此，可以将相机的色温设置得稍微高于环境色温，这样便可达到期望的效果，而且在后期进行色彩调整也较为方便。在这个时段拍摄时，由于光线的角度较低，最好采用侧光或侧逆光的方式拍摄，这可以增强物体的立体感和质感，同时可以更有效地捕捉到物体反射的金色光芒，从而提升照片的艺术效果。

5.13.5　阴天散射光

在阴天，光线往往显得比较昏暗，给风景带来一种压抑的氛围，拍摄时需要特别注意防止曝光过度。选择景物和构图时，应关注场景的对比度，最好挑选较暗的物体作为背景，并对主体进行适当的曝光补偿，以增强视频中的层次感和立体感，如图 5.30 所示。

在阴天，光线经过散射形成漫射光，这种光照产生的阴影非常柔和，几乎不明显，有时甚至难以察觉。因此，它不利于突出主体的立体感和空间深度。

图　5.29　　　　　　　　　　　　　　　　　　　图　5.30

　　在选择拍摄对象时，应该寻找那些外形简洁、具有鲜明且整齐轮廓的主体，这样的主体能够创造出生动、清晰且有趣的画面。同时，可以考虑使用轮廓分明的物体的投影来进行构图。如图 5.31 所示，摄影师选择将主要的画面元素聚焦在云朵上。

5.13.6　直射光线

　　太阳光线穿过树叶间的空隙直射下来时，会产生明显的阴影效果。这样的光照条件下，明暗对比十分强烈，因此需要根据具体的拍摄环境来调整曝光量：面对大面积被光线照射的景物时，应适当增加曝光量；而面对大面积处于阴影中的景物时，则应减少曝光量。如图 5.32 所示，在直射光下通常选择逆光或侧光的位置进行拍摄，这样可以让枝叶显得更加透亮和有质感。当近距离对枝叶进行取景时，视频背景会呈现出模糊效果。

图　5.31　　　　　　　　　　　　　　　　　　图　5.32

5.13.7　运用光线角度拍摄景物

在太阳光下拍摄自然景观时，视频中的主体景物会因为光线的角度而展现出多样的形态。逆光、侧光、顺光等不同的光照角度可以突出主体的质地、轮廓和立体感。由于太阳光线照射的角度在短时间内是固定的，摄影师需要通过改变拍摄位置来寻找最理想的光线角度，如图 5.33 所示。

5.13.8　窗户光

几个世纪以来，画家们一直偏爱使用透过窗户的阳光来绘制人像，因为这种光线具有出色的造型效果和投影效果。摄影师们在室内拍摄人像时，也经常采用这种光线。

从朝北的窗户射入的光线具有一定的方向性，同时保持了柔和性。当在窗户对面放置一块反光板以减轻光源产生的阴影时，可以得到柔和而优雅的效果，这会对人物脸部产生轻微的渲染效果。如果房间两面墙上都有窗户，且被摄对象位于两窗之间，那么交叉的照明将带来多样的光影变化。

在拍摄过程中，只需让被摄者轻微转动身体，就能呈现出一系列不同的光影效果。此时需要注意的是，应通过调整使一个窗户的光稍亮于另一个窗户，因为两个窗户光线相同通常是最不理想的情况。如图 5.34 所示，对角线的运用使得画面局部放大而充满视觉张力，既饱满又不显得拥挤，同时由于角度的巧妙选择，构图会显得新颖且生动有趣。

图　5.33

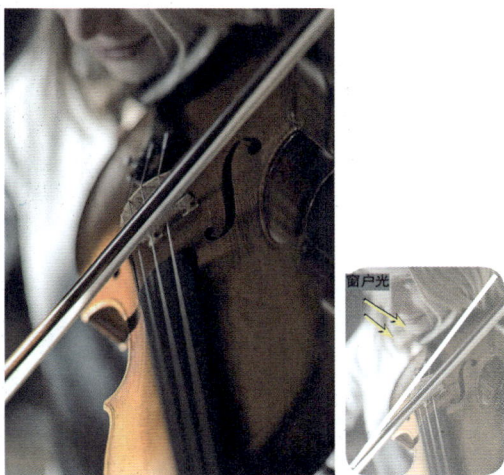

图　5.34

5.14　人造光源拍摄技巧

人造光通常带有强烈的偏色，所以我们要控制好色温，最好的方法是拍摄前在人造光环境中拍一张白墙，用这张白墙的照片作为手动白平衡的依据。

5.14.1　白炽灯

白炽灯（钨丝灯）发出的光线色温较低，呈现为黄色调。在此种光照下拍摄的视频中，人物皮肤会显得更加偏黄。如果需要保留这种黄色调效果，可以将相机的白平衡模式设置为自动。自动白平衡能够减少画面的黄色调偏差，但无法完全消除色彩失真。如果想要准确地还原画面的白平衡，可以进行白平衡预设。在白炽灯照明下找到一面白墙进行拍摄，调整直至白墙显示为无色偏，然后记录此时的色温值。将相机设置为这个色温值后再拍摄所需的人物画面。如图 5.35 所示，在室内光线较暗时，应将光圈开至最大以确保有充足的光线。为了避免视频拍摄中出现色温变化，需要将相机的白平衡模式调整为与现场灯光相匹配的设置。

5.14.2　荧光灯

在荧光灯下拍摄的视频常常会呈现冷蓝色调，这主要是因为荧光灯的色温与阴天时相同，都比较高。色温导致色彩偏差的原因是相机设置的色温与环境实际色温不一致。在这种情况下，建议在荧光灯下拍摄一张白色墙面的照片，并将其用作自定义白平衡的参考，这样就可以确保在荧光灯照明下拍摄的景物不会出现色偏。如图 5.36 所示，通过使用白平衡调整色温，可以使荧光灯下的色调变暖，或者在照片中营造一个温暖的光源。

图　5.35

图　5.36

5.14.3　霓虹灯

夜景的霓虹灯光非常迷人，不妨用相机尝试一下慢速曝光，记得带上三脚架并手动设置相机参数。夜景视频充满了不确定性，可能会拍出比所见还要美得多的画面。

拍摄夜景时，三脚架是必不可少的工具，如果条件允许，还可以使用快门线。我们通常会选择慢速曝光、小光圈和低感光度来进行拍摄。较长的曝光时间能够将动态场景拉成线条，如车辆的灯光，能创造出流光溢彩的效果。其他移动物体的灯光也会产生模糊的色彩效果。如图 5.37 所示，在摄影中取景非常重要，我们需要学会如何发现并记录美，探索方形与圆形共存、和谐和统一的画面。

5.14.4　街灯

街灯的特征主要来自各种建筑的室内照明和街道路灯，这些光源通常较为昏暗，因此在拍摄时需要较长的曝光时间。如果快门速度设置得太慢，移动中的人物会导致视频画面出现严重的模糊，为了确保正常曝光，应尽可能提高快门速度。在夜景拍摄测光方面，建议采用局部测光模式，针对灯光周边的环境进行测光。

图　5.37

当拍摄夜间城市景观时，首要任务是保证建筑物的清晰度，最好使用三脚架来稳定相机。为了确保建筑物的各个细节都足够清晰，如图 5.38 所示，应该选择较小的光圈值以获得更大的景深。此外，移动的人物不仅能够增加画面的动感，还能为夜景增添活力。

图　5.38

5.15　人像拍摄技巧

在使用数码相机拍摄人像时，对于中景及更大景别的构图，建议曝光应略为不足。这是因为在较宽阔的场景中，环境因素对画面影响较大，过度的曝光可能会损害环境中细节的真实再现。然而，当拍摄中景以下较小的景别时，为了使人物皮肤看起来更加白皙，可以适当增加曝光量，大约在 1/3 到 1 个曝光级别之间。

5.15.1　人像摄影的测光与曝光

在进行测光时，应选取人物的脸部作为曝光的参照点，这样才能获得最准确的曝光量。即便人物周边的场景出现过曝或欠曝，只要人脸的曝光得当便足够了，因为在人像摄影中，人物是最重要的元素，背景居其次。人物的曝光很容易受到周遭环境的影响，通常采用中央重点测光模式来进行测光，这一模式能适当地平衡周围环境，特别适宜人像摄影。还可以将人物的脸部充满整个画面进行测光，在锁定曝光之后重新构图并进行拍摄。

如图 5.39 所示，在使用长焦镜头拍摄人物时，可以获得背景虚化的效果。为了对人物的脸部进行精准测光，可以利用长焦镜头的特性让脸部充满取景器，这样可以得到更准确的面部曝光。

图　5.39

5.15.2　逆光人像

逆光是指光源位于被摄人物背后，导致背景较亮而主体相对较暗的照明效果。如果对主体进行适当的补光，逆光可以创造出非常独特的视觉效果。逆光拍摄通常更适合中景至全景乃至远景这样的较大景别，因为这些景别不仅可以展现人物轮廓，还能在一定程度上展示环境，从而增加画面的丰富性。

逆光视频能够很好地利用主体和背景在受光程度上的差异。特别是利用日出和日落时的逆光，此时的光线更柔和、不刺眼，为摄影提供了理想的光线条件。当太阳逆光照射人物时，会在头发周围形成一圈辉光和轮廓光。鉴于脸部与轮廓光的光比可能非常大，拍摄时应以人脸为曝光基准。通常情况下，为了拍摄剪影效果，低角度的光线投射会产生更为明显的剪影，而高角度的光线则使剪影效果不那么突出。因此，选择在日出或日落时分进行拍摄是较为合适的。

如图 5.40 所示，在逆光拍摄中，太阳、被摄者和相机之间的位置关系应该保持在 110°～180° 的范围内。逆光会在人物的头发周围创造出漂亮的辉光效果。

图　5.40

5.15.3　剪影

剪影视频的拍摄充分运用了主体和背景在受光程度上的差异，通过使背景与人物之间的光比达到 5∶1 甚至更高，来创造出剪影效果。在拍摄剪影视频时，应遵循"宁欠勿过"的曝光原则，即根据背景中较亮的部分进行点测光，这样可以使主体严重欠曝，从而形成鲜明的剪影。剪影的目的在于通过人物的轮廓和姿态而非细节来表现主题，与背景结合，营造出具有情感氛围的画面。

如图 5.41 所示，在拍摄时首先对人物背后的天空进行测光，以确定合适的曝光设置。一旦曝光值锁定，便可以将焦点对准人物的眼睛进行对焦。选择从斜侧方向拍摄人物，这样可以观察到人物的发髻等细节，从而让观者获取关于人物更多的信息。

图　5.41

5.15.4　正面光

正面光是指光源直接面对被摄人物，从正面打亮人物的光线。在正面光的照射下，人物脸部的光线会比较均匀，产生的阴影会落在身后。这种光线相对平淡，明暗对比不强烈，

图　5.42

缺乏影调层次的丰富性，不太能够突出人物脸部的立体感。但对于拍摄女性来说，正面光可以使皮肤看起来更加柔和，因此也是一种不错的光线选择。在使用正面光拍摄人像时，应注意不过度曝光，通常使用平均测光模式即可达到理想的效果。正面光更适合用于拍摄特写和近景，因为它可以细致地描绘出人物的每个细节和层次。

如图 5.42 所示，在拍摄时应该对人物的眼睛进行对焦。当环境中的地面能够给人物眼睛提供反光时，会让人物的瞳孔显得更加明亮和生动。同时，通过头部和肩膀的位置形成的三角构图，可以让整个画面看起来更加稳定和均衡。

5.15.5　柔化光线

柔化光线通常指的是经过散射、均匀照射的柔和光线，一个典型的例子就是阴天时的天空光线。这种光线因其柔和特性，能够减少被摄物体表面的粗糙感，使其看起来更加平滑。在柔化光线的照射下，不会产生强烈的阴影，以正常的曝光设置就能使人物皮肤显得相当白皙，特别适合拍摄年轻的女性，如图 5.43 所示。

图　5.43

5.15.6　人物补光——反光板

在室外进行人像拍摄时，如果太阳光导致人物脸部的明暗对比过于强烈，就需要对脸部的阴影部分进行补光。反光板是用于补光的最普遍工具之一，它通过反射光线照亮人物脸部的阴影区域，使得脸部的光线更加均衡。

在使用反光板补光时，应将反光板放置在人物脸部较暗的一侧，与太阳形成适当的角度，以确保反射的光线能够投射到脸部的阴暗面。通过调整反光板与人物之间的距离，可以控制反射光的强度，进一步优化补光效果。

如图 5.44 所示，在拍摄时，并不要求被摄者必须直视镜头。让被摄者的眼睛看向斜上方是摄影师们经常采用的一个拍摄角度。为了使被摄者的皮肤看起来更加白皙，需要增加 2/3 档的曝光量。

图　5.44

逆光拍摄时为了让人物面部变亮，拍摄时使用了反光板，如图 5.45 所示。

图　5.45

5.15.7　高调人像

所谓的高调人像视频，指的是在视频中占据大面积的是明亮的浅色调或白色调的景物。这种高调视频通常会给人一种淡雅、通透和清爽的观感，拍摄高调人物视频能够营造出一种清新和舒适的氛围，如图 5.46 所示。

图　5.46

在拍摄高调人像视频时，被摄人物应该穿着浅色系的服装，同时选择的背景也应当是浅色或白色的景物，这样的配色方案有助于实现高调视频的效果。由于高调视频中的人物需要显得更加亮丽；通常需要在正常曝光的基础上增加 1~2 档的曝光量，以满足拍摄的需求。

5.15.8　低调人像

低调摄影，正如其名，指的是画面中大部分为暗色调，而所要突出的主体则相对较明亮。这样的画面构成适合传达人物的稳重、沉着、含蓄和端庄等特质。

在拍摄低调视频时，应该选择画面主体中最亮的点作为曝光参照，并适度过度曝光，以增强暗部细节和层次感。如果拍摄低调视频的背景过亮，就需要更换成更暗的背景来重新构图，确保画面整体呈现暗色调。被摄者应穿着深色服装，以便在画面中形成大面积的暗色调。如图 5.47 所示，在拍摄这类人像时，通常使用侧光、侧逆光或高逆光，这些光线能够勾勒出被摄者的轮廓，而其他部分则留在阴影中，从而营造出整体的低调效果。

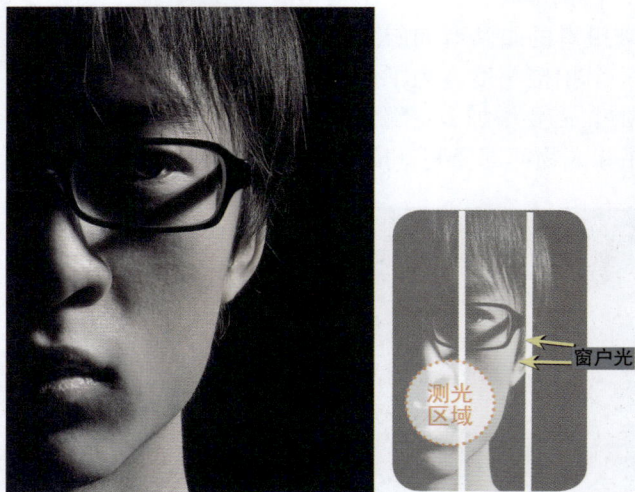

图　5.47

5.15.9　晴朗阳光下拍摄人像

在晴朗的阳光下，由于光线是直射的，会在被摄女孩的脸上产生明显的明暗对比阴影，这可能会影响她的视觉形象。通常在拍摄女性视频时，尽量将光比维持在 1∶2 左右，但在直射阳光的条件下，要控制脸部的光比达到这一理想状态是比较困难的。因此，在必要时可以使用反光板来适当补亮面部的阴影区域，以减小人物脸部亮区与暗区之间的对比度。

如果没有反光板进行补光，可以选择让被摄者背对太阳站立，或将其置于阴影地带，以避免阳光直接照射到脸部，减少过强的光影对比。

图　5.48

如图 5.48 所示，在阳光下进行人像视频拍摄时，最好避免让太阳光直接照射到被摄者的脸部。使用反光板为暗部补光是一个有效的方法。同时，选择色彩鲜艳的景物作为背景，并利用大光圈和长焦镜头来实现背景的虚化效果，也可以让主体更加突出。

5.15.10　阴雨天中拍摄人像

雨后，经过雨水洗涤的绿叶和绿草会突然焕

发生机，其绿色显得更加饱满和浓郁。在这样的环境中使用长焦镜头进行人像视频拍摄，可以使人物背后的背景虚化，从而让画面呈现出一种清晰而自然的感觉。在阴天，光线通常比较柔和，此时适当增加曝光量（如调整 ISO 至 200 或 400）可以帮助人物获得足够的光照。由于阴雨天气下的照明光线相对均匀，采用中央重点测光模式可以非常精确地对人物进行测光，如图 5.49 所示。

图　5.49

5.15.11　高感光度拍摄视频

感光度（International Standards Organization，ISO）的高低决定了感光元件对光线的敏感程度。在拍摄相同的场景时，感光度数值越高，达到正常曝光所需的时间就越短。然而，随着感光度的提升，视频中的噪点也会相应增加。

不同感光度设置下拍摄的视频主要区别在于噪点的多少。为了尽量避免噪点的产生，在拍摄视频时应尽可能使用最低的感光度。但是，在光线非常暗淡的情况下，如果无法使用较长的曝光时间，就不得不提高感光度。在这种情况下，拍摄时应确保启用相机的降噪功能，以在使用较高感光度的同时，尽量减少噪点的影响。

如图 5.50 所示，在室内光线非常微弱的环境中拍摄时，如果不使用额外照明设备，就需要调高感光度。此时，最好使用三脚架来稳定相机。如果场景中包含特定的背景元素，可以创造出不同风格的作品。

5.15.12　不同光线角度

在自然光线下拍摄人物视频时，通过调整太阳、被摄人物以及摄影师之间的位置关系，可以创造出不同的光影效果。当太阳与摄影师的角度大于 90° 且小于 360° 时，会形成逆光或侧逆光效果；当角度大于 0° 且小于 90° 时，会形成侧光效果；当角度为 0° 时，则是顺光效果。不同的光线角度对所拍摄的人物形象有着显著的影响，例如，侧光能够增强人物的立体感，而逆光则能创造出轮廓光和辉光效果，给视频增添动感和活力。

特别是在日出和日落时分，许多摄影师喜欢使用逆光来拍摄人物，这是最具创意和美感的光线之一，如图 5.51 所示。

图　5.50

图　5.51

5.15.13　落日时分拍摄人像

落日时分被认为是人像拍摄的理想时刻。落日的景象虽然迷人，但此时人物与落日之间的光线对比通常非常强烈，这可能给拍摄带来一定难度。使用外拍灯来照亮人物可以取得很好的视频效果。如图 5.52 所示，在拍摄时，首先对天空进行测光，然后将相机设置为手动曝光模式，并打开灯光对人物的眼睛进行对焦，接着进行拍摄。

图　5.52

5.15.14　夜景中拍摄人像

在夜景拍摄中，常见的问题是补光灯只照亮了人物，而背景却过于暗淡，没有得到充分的曝光，导致整个背景显得一片漆黑，失去了美感。为了实现背景和人物都有合适的曝光，我们需要使用较慢的快门速度对背景进行曝光，同时打开补光灯来为人物补光。这样，我们就能够捕捉到人物与夜景环境相融合的视频画面，如图 5.53 所示。在进行拍摄时，最好使用三脚架以保持相机稳定。在快门关闭之前，人物应该保持静止不动，以避免产生模糊或虚影。

图　5.53

5.15.15　造型光

造型光包括主光、辅助光、环境光、轮廓光、眼神光和修饰光等类型。在大多数情况下，景物或人物的造型主要通过主光和辅助光来实现，而其他类型的光线则主要用于修饰。特别是在拍摄人物时，控制好主光与辅助光的光比至关重要。在拍摄男性人物时，光比可以控制在 1∶3 左右；而在拍摄女性人物时，光比可以控制在 1∶2 或 4∶3，如图 5.54 所示。

图　5.54

5.15.16　轮廓光

轮廓光是一种来自被摄物体后方或侧后方的光线，其效果类似自然光照中的逆光照

图 5.55

明。根据实际拍摄需求，轮廓光可以是正逆光、侧逆光，或者高逆光。轮廓光具有显著的"装饰"效果，因此无论是在室内实景拍摄、摄影棚内，还是演播室内拍摄，轮廓光已经成为一个不可或缺的光线元素。

要为人物创造轮廓光效果，可以使用一盏较大面积的灯光，从人物的背后或斜侧面打光。轮廓光的强度通常较大，与人物脸部光线的光比应大于 3∶1。拍摄时，以人物脸部进行测光，同时要避免轮廓光直接进入镜头，以免影响人物的侧光效果。这样，人物的边缘就会形成清晰的轮廓线条，如图 5.55 所示。

5.15.17 伦勃朗光

伦勃朗光是人像摄影中常用的一种布光方式，它通过强烈的侧光照明使被摄者的鼻子下方形成三角形的阴影。这种布光方式将脸部分割成两部分，每个侧脸的光影各不同，从而增强了立体感，特别适合拍摄男性人物。如图 5.56 所示，在拍摄时选择 3/4 侧面或正面角度，可以使得伦勃朗光线的效果更为显著。使用反光板对暗部进行补光，可以避免暗部区域完全失去层次感。

图 5.56

5.15.18 电影布光效果

电影布光效果与我们之前讨论的轮廓光效果有些相似，都是通过在人物的侧后方设置一盏强光源来照射人物。同时，人物正面也需要有一盏灯光。测光时以人物脸部为基准进行正常曝光，而侧后方的灯光则在人物身上形成明亮的线条。如图 5.57 所示，在选择背景时，最好选择那些有散布灯光的元素，使用长焦镜头拍摄可以使背景呈现出光晕效果，从而使拍摄出的人物画面显得更加生动和活泼。

图　5.57

5.16　风景拍摄技巧

光线是摄影的灵魂，不同类型的光线能够创造出不同的效果。早晨和傍晚的柔和光线非常适合拍摄风景，而中午的阳光则能够产生强烈的对比度和阴影效果。当然，精心构思的构图也会大大提升视频的视觉吸引力。

5.16.1　色彩与色调

在摄影中对色彩的配置，应遵循艺术规律以烘托气氛和突出主题。特别重要的是了解天空的色温值，然后将相机的色温设置调得比实际环境低，这样拍摄出的视频会呈现偏蓝的效果。视频偏向蓝色可以给雪景增添寒冷的感觉，这与观众的心理预期相符。如图 5.58 所示，将焦点对准远处的地平线，并使用广角镜头可以获得更大的景深。

图　5.58

5.16.2　画意摄影

画意摄影是通过摄影手段来实现类似绘画的景物效果。在拍摄这类视频时，我们需要根据背景的特点选择适当的道具来营造氛围，以实现某种意境。

在画意摄影中，我们关注的是整体画面给观者的感受，而不仅是拍摄某个形体或局部。控制画面现场的气氛是创作画意摄影作品的关键所在。如果要模仿国画的效果，整体氛围应呈现出浓淡相宜、虚实结合的效果。

图 5.59 所示的景色，宛若一幅淡雅的水墨画。远处蒸腾的雾气环绕着整个山脉，虚实相生，营造出富有意境的画面。在拍摄这类视频时，为了捕捉到更多的层次和实现梦幻般的效果，使用三脚架进行慢速拍摄是必要的。雪白的景致在树木枝叶的装饰下，恰似国画中的精品。

图　5.59

5.16.3　光线的时节变化

在一年中的不同季节，花园总能展现出它最美的一面。拍摄时，特别需要注意色调的变化。尽管花园在中午明媚的阳光下可能看起来非常迷人，但清晨和傍晚的光线往往能带来更佳的拍摄效果。光线在不停地变化，捕捉并利用现有的光线条件来拍摄出最佳的画面是摄影的终极目标，如图 5.60 所示。

5.16.4　顺光光线

顺光是指光线照射的方向与拍摄方向一致，这样被摄体受光均匀，色彩饱和度高，能够展现出丰富的色彩效果。不过，顺光拍摄的景物通常缺少层次感和立体感。在顺光下拍摄植物可以非常好地还原其鲜艳的颜色，如果在顺光下让景物稍微欠曝一些（-1/3~-1 档曝光量），颜色会显得更加艳丽。如图 5.61 所示，顺光能够很好地还原实物的色彩并且不会产生阴影。使用 50mm 镜头拍摄时，可以获得自然、真实的景物效果。将焦点选择在画面中间的位置，并保持相机的成像平面与墙面平行，可以获得最佳成像效果。

图　5.60

图　5.61

5.16.5　侧光光线

侧光是最适合表现景物中质感和立体感的光线，它能在景物上产生明显的对比效果。例如，在拍摄建筑物时，侧光所形成的亮部与暗部、阴影能很好地增强建筑物的空间感。由于这种光线下存在强烈的反差对比，建议使用评价测光模式对景物进行测光，以实现最准确的曝光。如图 5.62 所示，侧光形成的阴影有助于突出房子的体积感。如果拍摄的景物中包含水面，为了避免水面的光斑，可以使用偏振镜。

5.16.6　逆光光线

逆光是摄影艺术创作中极佳的光线条件。在拍摄时，需要决定是对亮部还是暗部进行曝光，不能采取折中的方法。由于逆光下景物的反差极大，若以亮部为基准曝光，则暗部的层次会丢失；反之，若以暗部为基准曝光，则亮部的层次将不存在。

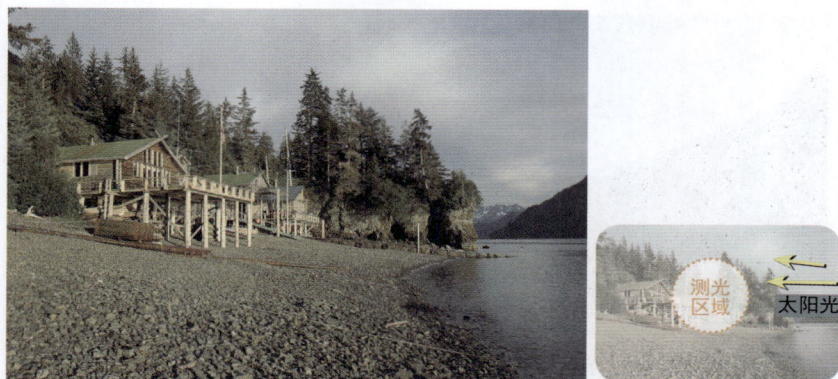

图 5.62

如图 5.63 所示，为了降低景物间的反差，可以使用补光灯或反光板为暗部补充光线，这样可以丰富景物之间的层次感。此外，在逆光条件下测光时，应选择点测光模式，这可以更精确地实现对特定部分的曝光。

图 5.63

5.16.7 雪景的曝光

对于初学者而言，了解雪景拍摄中的曝光问题和色温变化对于拍摄优质的雪景视频是非常有帮助的。通常情况下，为了获得与眼睛所见景象相匹配的准确曝光，需要在相机测光的基础上增加 1~2 档的曝光量。在太阳直射下拍摄雪景时，景物的反差会比较明显，因此建议在拍摄过程中对雪景的局部进行测光，如图 5.64 所示。

5.16.8 绚丽的云彩

云彩随着天气的变化而不断变换形态，因此在拍摄前最好对该地该季节的天气状况有所了解。拍摄云彩需要耐心等待，不能急躁。到达现场后要仔细观察云彩的形状以及它们与所拍摄景物的搭配是否合适。通常情况下，太阳光为逆光，所以在进行相机测光时不应直接对准太阳，而应对太阳周围区域进行测光。

图　5.64

如图 5.65 所示，将相机的白平衡模式调整为自动模式，可以很好地再现天空的蓝色。根据测光区域的曝光值，再减少 2/3 EV 的曝光，就可以捕捉到太阳的光芒效果。

图　5.65

5.16.9　清晨时分拍摄景物

要想拍摄一段优美的视频，清晨无疑是最佳时刻，此时光线柔和，明暗区域间的过渡自然平衡。在清晨，被阳光直射的区域色温大约为 2500 K，而阴影区域的色温可超过 5500 K，因此拍摄出的视频会呈现出蓝色和红色的色调，营造一种温馨的氛围。如果太阳尚未升起，景物的色温偏高，整体画面倾向蓝色调。拍摄时将相机的白平衡设置为自动模式，能够真实地再现景物的色彩。如图 5.66 所示，在清晨时分拍摄的景物由于色温较高，视频会略显偏蓝。使用慢速快门拍摄清晨的景物，也能获得非常出色的视频效果。

图　5.66

5.16.10　使用偏振镜

偏振镜的作用是消除来自玻璃、水面和金属表面的反光。如果你曾尝试拍摄水面，你可能注意到景物在水面上的反射会产生一大片光斑。要有效去除这些反光,使用偏振镜是最好的选择。当拍摄水面时,在镜头前加装一块偏振镜,并旋转它直到取景器中的水面光斑消失后再进行拍摄。未使用偏振镜所拍摄的效果与使用后的效果对比将十分明显。由于偏振镜会阻挡一部分光线,因此在使用时应适当增加曝光量,以确保景物得到正确的曝光,通常情况下需要增加 2/3 EV。如图 5.67 所示,左边的图像是没有使用偏振镜拍摄的视频,而右边则是使用了偏振镜拍摄的视频。

图   5.67

5.16.11 雨天光线

在雨天,雨水将室外的景物洗涤得干净而清爽,绿色植物在雨水的滋润下焕发出了新的生机。由于雨天的光线主要是散射光,虽然这可能对表现景物立体感有一定影响,但这样的光线能照亮植物上的水珠,使之显得晶莹剔透,形成一道美丽的风景线。

鉴于雨天的光线强度不高,拍摄雨景时建议使用三脚架来确保画面的清晰度。如果光线较弱,可以适当提高相机的感光度设置。若想捕捉雨水落下的轨迹,可选择一个稍暗的背景并利用三脚架进行慢速曝光。图 5.68 所示便是在雨天拍摄的花卉,展示了雨滴带来的清新美感。

图   5.68

5.17　静物拍摄技巧

静物拍摄时应使用柔和的光线，以避免强烈直射阳光所带来的高反差和阴影，室内环境或阴天都是进行静物摄影的理想选择。背景设计宜简洁明了，以避免分散观众的注意力。构图在静物摄影中尤为关键，可以运用对称、三分法、黄金分割等构图技巧，以实现画面的平衡与美观。

5.17.1　表现立体感

在拍摄静物时，要特别注意增强物体的立体感。通常，通过从主体物的侧面打光，可以创造出从亮到暗的层次感，从而更好地突出静物的立体效果。应注意控制静物亮部与暗部的光比，保持在大约 3∶1 的比例，以确保背景色调与主体协调一致，这样做有助于更好地表现物体的质感和细节层次，如图 5.69 所示。

侧光可以很好地表达凹凸的字体

光线来源

图　5.69

5.17.2　表现质感

在静物摄影中，表现物体的质感是一个关键方面，而真实地展现这些细节主要依赖用光的技巧。要根据不同质地的静物选择合适的光线运用方式。例如，对于表面较为粗糙的物体，采用低角度的侧光拍摄可以突出其纹理和细节；对于瓷器这类光滑物品，则宜使用正面和侧面结合的柔和光线，并在有装饰花纹的地方尽量减少反光，以保持高光效果；至于皮革制品，通常利用逆光或柔光拍摄，借助皮革自身的反光特性来彰显其独特的质感。图 5.70 所示是金属涂漆的质感表现。

5.17.3　透明景物拍摄

在拍摄透明物体时，捕捉并强调主体的透明度至关重要。为了实现这一效果，通常采用透射光照明，并且经常将光源置于逆光位置。光线可以穿透透明体，在其不同质感的表

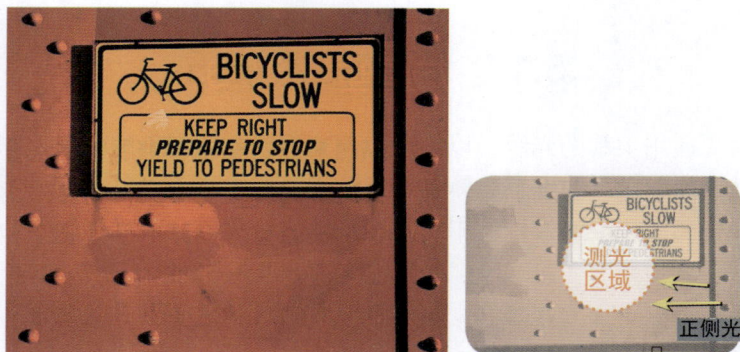

图　5.70

面形成多样的亮度层次。有时，为了增强透明体的形体轮廓，使其与逆光产生的高亮背景分离，可以在透明体的左侧、右侧和上方放置黑色卡纸来勾勒出其造型线条。如果无法布置专门的照明进行拍摄，也可以选择在逆光环境下进行现场拍摄。如图 5.71 所示，利用逆光可以轻松地展现玻璃、水晶等透明物品的形态。

图　5.71

5.17.4　静物造型

布光在塑造静物产品的立体感和表面轮廓方面扮演着关键角色。当拍摄物体的特写或近景时，适宜采用正面补光可以展现物体正面的质感，而曝光设置应以保持适当的亮度为准，以优化造型效果。影响这方面表现的主要因素包括光源的强度（或光比）以及光线照射的位置，如图 5.72 所示。

5.17.5　选择光线角度

在布光以表现静物产品的造型时，主要目的是强调产品的立体感和表面轮廓。拍摄特写或近景时，推荐使用正面补光来描绘物体的质感，曝光应调整至适中亮度，以优化造型

图　5.72

效果。影响造型的主要因素是光源的强度（或称光比）以及光线的照射位置。

　　如图 5.73 所示，通过采用对角线构图和精心选择的拍摄角度，常见的蔬菜呈现出生动非单调的效果。使用广角镜头拍摄时，由于透视效应，前景中的辣椒看起来会比后方的辣椒大。

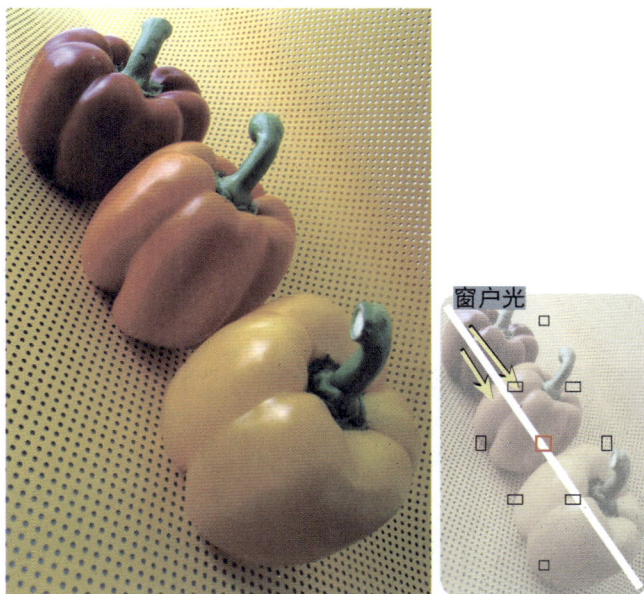

图　5.73

5.17.6　微距拍摄细节

　　拍摄花卉是摄影爱好者们经常选择的主题。他们通常使用微距镜头来捕捉花卉的细节，使得花卉的局部能够填充整个画面并突出主体。如果没有微距镜头，可以在镜头上加装一个增距环，这样能够在拍摄时将花卉的局部放大，从而更精细地展示花卉的细节。如图 5.74 所示，一段出色的微距视频需要包含对细节的精彩描绘。

侧逆光

图　5.74

5.17.7　逆光拍摄花卉

逆光拍摄花卉和植物这类轮廓清晰、质感透亮的物体时，选择较暗的背景有助于凸显主体。在曝光过程中，应以高亮部分为测光基准，增强光比和反差，从而强化逆光效果，实现轮廓的清晰度和主体的突出。

在逆光条件下，采用点测光对花朵进行测光，并增加 1~2 档的曝光补偿，可以使花卉的颜色更加鲜艳，看起来更加生动。室外拍摄时，由于花朵可能会随风摇摆，需要适当提高快门速度来确保花朵的清晰度。如图 5.75 所示，逆光下拍摄的花瓣显得格外透明。

图　5.75

短视频拍摄的构图方式

第 6 章将介绍构图这一让画面具有美感的重要因素。无论是在摄影还是录像中，构图都扮演着至关重要的角色。作品的美感在很大程度上受构图质量的影响，如图 6.1 所示。

图　6.1

6.1　短视频构图

什么是短视频构图？这是许多初学者常会提出的问题。简单来说，短视频构图指合理地安排拍摄主体在画面中的位置，目的是突出主题，并引导观众的视线去发现创作者想要表达的意图。

6.1.1　摄影构图的基本概念

摄影构图在短视频创作过程中扮演着重要角色，它不仅是一种将作品各部分组合成一个整体的形式，更是确保主体突出、主题明确的关键步骤。在摄影中，构图指的是选定一个画面，并对其中的元素进行精心选择和布局。如果摄影的目标是表达特定的信息或情感，那么构图就是实现这一目的的重要手段，它是引导观众理解和感受作品的桥梁，如图 6.2 所示。

6.1.2　摄影构图的基本元素

一个出色的构图始终建立在最基本的元素——点、线、面的基础上。在拍摄过程中，摄影师应依据现场环境灵活运用这些元素，以创作出令人满意的作品，如图 6.3 所示。

图 6.2

图 6.3

1. 点

"点"在画面中扮演着集中视觉关注的角色，它吸引观众将更多注意力聚焦于此，从而增强了画面的视觉吸引力。同时，点也是所有形状的基础元素。在视频中，所谓的"点"通常指的是那些小而具有特定面积的物体，由于它们相对于整个画面所占的比例较小，因此被视作"点"。

单点构图是一种高效的聚焦技巧。在观看一个画面时，人的眼睛会迅速寻找一个停留的焦点。此时，如果画面中有一个明显的点，它自然就会成为整个画面的视觉中心，观众的注意力将集中在这个独特的点上，如图 6.4 所示，图中的小鸟便是这样的一个吸引眼球的点。这张图片描绘了一只鸟栖息在宁静海面上的场景，它自然而然地成为画面的焦点。观众的视线将迅速被这个突出的点吸引，进而迅速定位到主体所在。

两点构图是一种摄影技术，在拍摄时摄影师可以选择强调两个点中的一个作为主要点，另一个作为辅助，或者可以让两点在画面中呈现对称平衡，这取决于摄影师的创作意图。对观众而言，这两个点都具备吸引力，他们可以根据自己的偏好来解读画面。这种构图方式能够增强画面的张力和深度，让内容显得更加丰富多元，如图 6.5 所示，其中夕阳和人的剪影构成了两个显著的点。它们互相辉映，赋予了画面更强的情感表达力。

图 6.4

图 6.5

当采用多点构图时，必须注重其中的规律性。虽然许多采用多点构图的作品初看可能显得有些混乱，但细致观察之后，我们能够察觉到其中蕴含的有序性，这种从表面的混沌中显现出的秩序感，正是吸引观者的魅力所在，如图 6.6 所示。这张图片呈现了一个引人入胜的构图手法，即利用每一滴水珠形成画面中的多个点。这些水珠虽然在大小上有所不同，但在形状和排列上显示出了高度的一致性和规律性。这样的构图手法带给人既独特又和谐的美感。

图　6.6

2. 线

"线"在画面构成中具有引导观众视线的重要作用，它能向观众提供方向性的指引。不同类型的线条能够引导观众的视线朝不同方向发展，同时营造出不同的视觉效果。此外，线条可以由一系列的点连接起来形成。线条在描绘画面轮廓、突显主体形状和姿态上极为有效，它还能为画面增添节奏感，使之更生动、更具表现力，如图 6.7 所示。

图　6.7

线的表现形式多种多样，不同形态的线条能够带来不同的视觉体验，并且可能决定整个画面的整体印象。在图 6.8 所示视频中，海与天空之间的显著水平线自然构成了画面构图的基础。同时，画面中央船只航行留下的轨迹为这个宁静的场景增添了几分细节和动态感。

图　6.8

图 6.9 所示视频利用了海浪形成的一条突出线条，这种曲线给人一种流畅感，让画面看起来更有节奏。

3. 面

"面"是画面构图中的一个关键要素。在许多场合，点、线和面会一同出现在同一幅画面中，尽管在某些特殊情况下，画面也可能仅由多个不同的面构成。此外，面在摄影构图中具有极佳的表现力，它能够增强画面的立体感，如图 6.10 所示。

图 6.9

图 6.10

在图 6.10 中，房屋以平面形态呈现，并通过其形状、色彩以及光影效果来传达景物的深度与立体感。摄影创作紧密依赖构图，而构图的方式多种多样，每种构图方式都呈现出独特的画面结构和布局。

6.2 横 构 图

自然风景涵盖了广泛的景物，拍摄这类场景时，取景方式相当灵活。在缺乏明确主体的自然风光摄影中，横向取景是一个常用的技巧。例如，在拍摄山川风光时，应该以山为核心元素，并精心挑选其他景物来衬托山的美感，这样可以防止画面中的山显得孤立无援。为了突出山峰的雄伟或山脉的险峻，需要寻找合适的物体来配合高山，使山景在画面上显得更加动人而不至于单调乏味。

图 6.11

当采用横向构图进行视频拍摄时，若使用长焦镜头，画面传达的视觉空间感会相对较小；相比之下，广角镜头虽然在延伸感上表现不是那么强烈，但它能覆盖更宽广的景物范围，为观众提供更为开阔的视野，如图 6.11 所示。

6.3　竖　构　图

竖构图是顺着物体延伸的方向来捕捉画面的。在风景摄影中，竖构图的使用相对较为少见，但无论在什么样的背景或景观中，它都能带来一种强烈的视觉冲击力。

对于植物摄影来说，竖构图通常看起来更加自然。拍摄时需要注意避免将植物从画面中间截断，这可能会造成观感上的不适。通过考虑植物的高度和远近位置来使用竖构图，可以营造出一种向上生长、挺拔的感觉，如图 6.12 所示。

图　6.12

6.4　斜　线　构　图

斜线构图是摄影中经常运用的一种技巧，特别是在风景摄影中，它可以有效地传达动感、力量和方向性。斜线本身是一种充满激情的元素，这种构图方式往往充满了活力，并且能够很好地捕捉到自然景观中那些优美的线条。斜线构图与对角线构图有相似之处，但它们的区别在于，对角线构图强调的是画面中以对角线形式存在的构图元素。当把主体放置在斜线上时，可以在主体与陪体之间创造出一种充满活力和生动气息的氛围，从而吸引观众的注意，如图 6.13 所示。

图　6.13

6.5 均衡构图

在均衡构图中，主体与配体之间会建立起特定的联系，彼此相互呼应。例如，摄影师在拍摄花卉主题时，可能会选择聚焦于几朵花，这些花朵通过它们之间的相互作用，形成了一种视觉上的平衡。这种构图手法能够赋予画面更多的生动性和活泼感；相比之下，如果仅拍摄一朵孤立的花，作品可能就会显得单调和缺乏活力。

在采用均衡构图的图像，各元素之间虽然存在联系，但这些元素不一定是同一个物体。大小相当、颜色一致或者相互有关联的元素都能够构成一个均衡的构图，如图 6.14 所示。

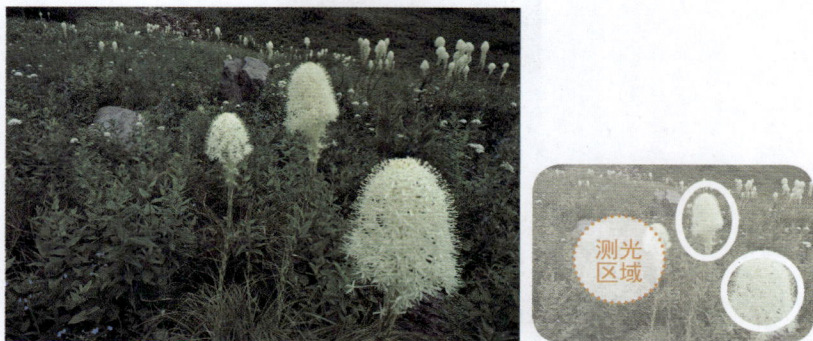

图　6.14

6.6 对称式构图

对称式构图，也被称作均衡式构图，往往以一个中心点或中轴线为基础，其两侧在形状和大小上呈现一致性和对称性。对称式构图带有一种平衡、稳定且有序的美感。不过，若处理不当，它可能让画面显得过于刻板和缺少动态。这种构图方式经常被运用于展现对称性物体，如建筑物或者那些拥有独特设计的物体。拍摄对象结构整齐划一，给人一种稳重的感觉，同时在色调和影调的处理上也展现出图案的美感和趣味性，如图 6.15 所示。

图　6.15

6.7　变化式构图

变化式构图是一种有意将景物安排在画面的一角或一侧的构图，旨在激发观众的思考与想象，并留下空间供他们做出自己的解读。这种构图手法充满了魅力和趣味性，它经常被应用于山水小景、体育运动或艺术摄影等不同类型的场景中。

在拍摄视频时，我们通常需要考虑如何布置画面中的景物位置，以创造出更和谐、更美观的画面。尽管传统的构图规则简单易懂并且广泛流行，但它们并不适用于所有场合。通过掌握这些标准技巧并在此基础上进行创新，我们也可以实现卓越的构图效果，如图 6.16 所示。

图　6.16

6.8　对角线构图

对角线构图是一种高效的构图手法，通过将对角线作为画面的主导线条，并将主体置于这条线上，可以最大限度地利用画面对角线的长度，同时在主体与配体之间建立起直接的联系。这种构图方式充满活力，显得生动，并易于形成线条汇聚的趋势，可以吸引观众的注意力，进而突出主体。

对角线构图能够创造一种动态平衡感。由于对角线是画面中最长的直线，它能够在作品中引入动感。此外，对角线将画面分为两半，也能够营造出强烈的视觉张力。对角线构图的特点在于它打破了传统左右对称构图可能带来的僵硬感，实现了视觉上的平衡和空间感的增强，如图 6.17 所示。

图　6.17

6.9　放射线构图

放射线构图能够营造一种开放和上升的氛围，以及创造出强烈的跃动感。通过深入观察风景，我们可以掌握并应用这种构图技巧。它通过向四周扩展的形态，传达出舒展开阔的感觉和力量。这种构图方式常赋予画面一种梦幻且庄严的气质。在日常生活中，我们可以轻松发现适合作为摄影对象的植物，如花朵或叶片，以它们为基础创建的放射线构图在摄影中是一个常用的主题。通过恰当地安排画面元素，可以捕捉到壮观的放射线构图效果，如图6.18所示。

图　6.18

6.10　井字形构图

在视觉心理学领域，物体在画面中不同的位置会激起人们不同的心理反应。摄影构图实际上是将视觉心理学中的潜意识用最直观的方式展现出来。其中，井字形构图是一种普遍采用的构图技巧。通过将景物的主体部分放置在井字的四个交点上，这样拍摄出的作品往往能够给人一种和谐舒适之感，如图 6.19 所示。

图　6.19

6.11　棋盘式构图

棋盘式构图是指在画面中存在多个相同或相似的主体元素，这些元素遍布整个画面，形成了类似棋盘一般的布局。利用这种重复元素的手法，棋盘式构图能够创造出一种统一的节奏和韵律感。在拍摄时，如果将类似的物体或同一个物体铺满整个画面，就能形成规模效应，为观众呈现一个内容丰富且视觉冲击力强的画面。如图 6.20 所示，各式各样的花卉被精心排列，不仅形成了韵律感，还起到了装饰的效果，视频里的花卉色彩斑斓，使得整个画面的色调变得更加丰富多彩。

图　6.20

6.12　延伸式构图

视频中的画面虽然是二维的，但表现的深远感是一种视觉上的错觉。在画面里创造深远感，并不是单纯依靠主体向远处延伸来实现深度效果，而往往是由于人的视觉感知产生的错觉。当画面拥有深远的感觉时，它便具备了更强烈的表现力。为了营造出深远感，除了精心构图之外，还需要借助一些特定的拍摄技巧。

通常情况下，物体在视觉上呈现近大远小的现象，即靠近观察者的物体看起来较大，而远离观察者的物体则显得较小。相机镜头所捕捉到的这种近大远小的透视关系尤为突出。因此，在拍摄视频的过程中，我们可以利用这一透视原理来增强景物的深度感，如图 6.21 所示。

图　6.21

6.13　紧凑式构图

紧凑式构图的核心特征在于它让画面中的主体元素占据了整个画面，营造出一种紧凑的视觉效果，这种构图方式有效地排除了杂乱无序的背景对整体画面效果的干扰。通过让主体充满画面，主体本身在视觉上得到了加强和突出，因此紧凑式构图特别适合用来呈现那些具有明确主体的视频内容，如图 6.22 所示。

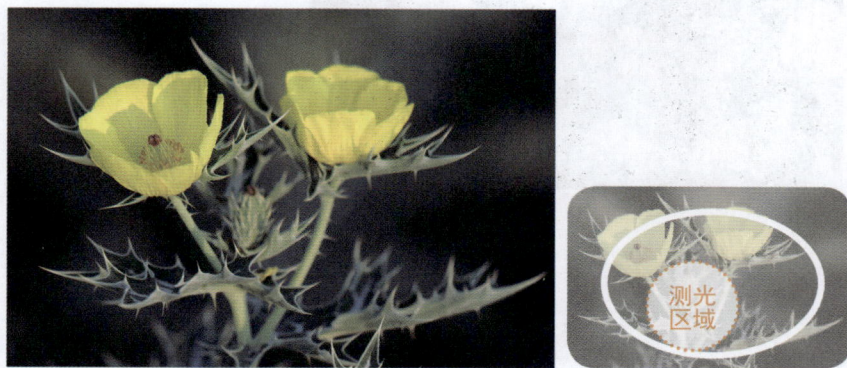

图　6.22

6.14　三角形构图

在日常拍摄中，若想形成三角形构图，常见的做法是将画面要表达的主体置于一个三角形内，或者让整个影像构成一个三角形的布局。这种构图手法可以通过物体的形态或阴影来实现三角形的构造。当自然线条形成三角形结构时，将主体放置在三角形斜边的中心位置通常是有效的，尤其是在全景拍摄中，可以获得最佳的视觉效果。

三角形构图能够带来稳定感，而倒三角形则相反，它给人一种动态和不稳定的印象。根据场景的需要，我们可以在摄影中灵活运用三角形构图，以此来表现不同的景别，如近景的人物和细节的特写镜头，如图 6.23 所示。

图　6.23

6.15　S 形 构 图

S 形构图以其优美和充满活力的特质给人带来审美上的享受，使画面显得生动而富有魅力。同时，观众的视线会随着 S 形曲线向画面深处移动，有效地增强了场景的空间感和深度感。

当景物在画面上形成 S 形曲线时，这种构图方式以其延展性和变化性为画面带来了节奏和韵律，激发出一种优雅、精致和和谐的感受。面对需要用曲线来表达的被摄物体时，S 形构图应当是首选，它尤其适用于拍摄河流、溪流、曲折的小径或山间小路等自然场景。

S 形构图能够在观者心中唤起对美的感知和稳定感。自然界的风光中充满了各种曲线，这些曲线赋予了风景柔和平滑的质感，同时也展示了流畅的动态。通过调整相机角度来改变弧线的弯曲度，也是一种富有创意且有趣的尝试，如图 6.24 所示。

图　6.24

6.16 九宫格构图

九宫格构图是一种将画面分割为九等份的布局方法，通常通过在中心方框的四个角的任一点定位主体来实现。实际上，这些点都符合"黄金分割比例"，被认为是构图中的理想位置。当然，除了考虑这些位置外，还需兼顾画面的平衡和对比等其他因素。该构图方式能够带来变化与动态感，使画面显得生动活泼。这四个点各自带有独特的视觉影响力，其中上方两个点的动感较下方更为强烈，而左侧比右侧更显著。不过，这不是一个一成不变的规则。这种构图格式契合人类的视觉习惯，自然而然地使主体成为视觉焦点，有助于突出主体，同时推动画面向平衡状态靠拢，如图 6.25 所示。

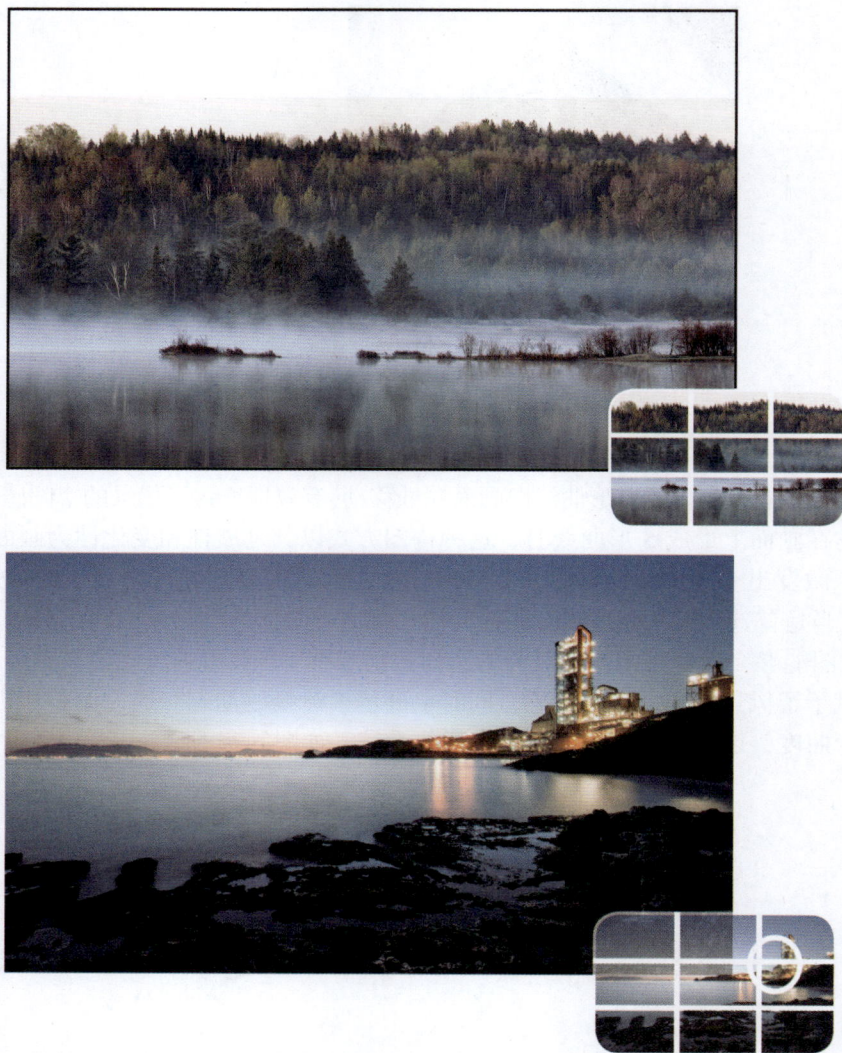

图　6.25

6.17　品式构图

品式构图以其自由奔放和不受约束的特性而著称，在拍摄实践中并没有固定的规则。品式构图与三角形构图有相似之处，可以被视为三角形构图的一个变体。在这种构图中，三个主体元素以层叠的方式排列，展现出品式构图的艺术魅力。实际上，品式构图相当于三角构图中的等腰三角形形式。在执行拍摄时，需要准确选择角度，并合理安排三个主体元素的位置，以增强品式构图的表现力和感染力，如图 6.26 所示。

图　6.26

6.18　向心式构图

向心式构图是一种把主体放在画面中央，让周遭的景物朝向中心聚焦的布局方式。这样的构图能够有效地吸引观众的视线集中于中心主体，起到集中视线的效果。它明显地凸显了主体，尽管有时可能会造成对中心的压迫感或沉重局促的氛围。

然而，这种构图通常非常适合表现人物活动的核心区域。例如，在录制一个大家庭聚会的视频时，可以将家中的长辈置于画面中心，孩子们和其他家庭成员环绕周围，这样便能立刻吸引我们注意到中心的那位人物。同样地，在拍摄花朵时，也可以利用花蕊和花瓣来创造一个引人入胜的向心式构图，如图 6.27 所示。

图　6.27

6.19　垂直式构图

　　垂直式构图经常被用来描绘诸如茂密的森林、高耸的树木、陡峭的岩石、倾泻的瀑布、高耸入云的摩天大楼，以及由竖直线条构成的场景。这种构图主要由垂直线条构成，它能够突出被摄物体的巍峨与雄伟，营造出一种强烈的气势。竖直构图特别适合拍摄纵向场景和表现高大的主体，给观众带来一种壮丽和庄严的感受。在使用这种构图手法进行视频拍摄时，需要选择合适的拍摄高度，以确保所拍摄的树木或建筑物显得笔直，并保持画面中的线条垂直，如图6.28所示。

图　6.28

6.20　三分式构图

　　三分式构图是一种广泛应用于人物、运动、风景、建筑等不同题材的摄影手法。通过将画面分为三等份，并将被摄主体放置在这些分割线上，可以轻易地创造出平衡而和谐的视频画面。这种构图方式适用于拥有多个平行焦点的主体，同样适用于展现广阔空间中的小物件。这样的画面构图鲜明、简洁有力。

　　三分式构图与九宫格构图在根本上是相似的，不过主体的位置可能略有差异。这两种方法都打破了传统将主体置于画面中央的刻板模式，使得画面显得更加生动和舒适，如图6.29所示。

图　6.29

6.21　留白构图

留白是构图中的一种技巧，它能带来多样的视觉效果。在摄影作品中，除了可见的实体元素之外，通常还会有一些空白区域存在，这些区域由单色的背景构成，形成了实体元素间的间隔。

虽然留白不包含实体元素，但在画面构成中它同样扮演着一个必不可少的角色。留白作为连接和协调画面各实体元素关系的桥梁，其作用不可小觑。在画面中恰当的留白可以为了凸显主体而被有意识地保留，这样做可以让主体更加醒目，增强其视觉冲击力，如图 6.30 所示。

图　6.30

6.22　黄金分割构图

一幅杰出的摄影作品不仅需要有深刻的主题思想和丰富的内容，还应当具备与之匹配的优美形式和和谐的构图。将主体元素布置在黄金分割点附近，可以优化主体在画面中的组织功能，有利于实现与周围元素的协调与联系，易于激发美感，创造出更佳的视觉效果，使得主体元素显得更加鲜明和突出。另外，人们在观看图片和阅读书刊时通常习惯从左向右移动视线。因此，在构图时将主要元素或引人注目的形象放置在右侧，往往能够取得更佳的视觉吸引力，如图 6.31 所示。

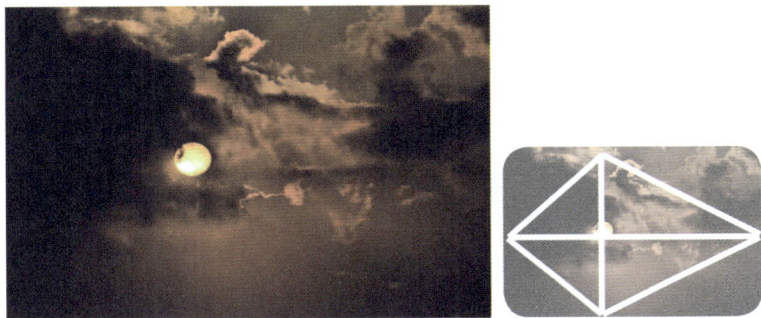

图　6.31

第 7 章

剪映专业版视频编辑

剪映专业版是抖音继剪映移动版之后，推出的在电脑端使用的一款视频剪辑软件。相较于剪映移动版，剪映专业版的界面及面板更为清晰，布局更适合电脑端用户，也适用于更多专业剪辑场景，能帮助用户制作更专业、更高阶的视频效果。

7.1 初识剪映

在使用剪映专业版进行后期编辑之前，首先需要对这个软件有一个基础的了解，下面带领大家认识剪映专业版，并详细介绍该软件的下载和安装。

7.1.1 剪映专业版的诞生

剪映专业版的开发源于剪映客服邮箱收到的大量用户邮件。2019 年 6 月剪映移动端上线，逐渐积累用户口碑，从 2020 年初，剪映的产品经理每个月都能在产品反馈官方邮箱中看到几十封用户邮件，大家都是同一个问题：剪映什么时候能出 PC 版？

用户之所以会提出这样的诉求，主要有以下几个原因。

- 由于手机屏幕尺寸、素材大小和手机性能的限制，App 显然已无法满足大部分西瓜视频和抖音头部创作者们的创作需求，越来越多的用户开始学习使用 PC 端工具编辑视频。
- 市面上没有能完全满足国内用户创作习惯的主导型编辑软件，专业创作者普遍在混用编辑软件，例如，用某个软件编辑，同时还安装一大堆插件做特效、调色、字幕等，这说明新工具仍有机会。
- 现有的电脑端视频编辑软件体验不佳，功能复杂的软件操作门槛很高，简单的软件又无法实现复杂多变的效果。许多好的工具来自海外，但不一定贴合国内用户的使用习惯。

2020 年 11 月，剪映团队推出了剪映专业版 Mac OS 版本，进而又快马加鞭地在 2021 年 2 月推出了剪映专业版 Windows 版本，实现了广大用户在 PC 端也能"轻而易剪"的创作诉求。图 7.1 所示为剪映官方推出的剪映专业版宣传效果。

剪映专业版（PC 端）是由抖音官方推出的一款全能易用的桌面端剪辑软件，由深圳脸萌科技有限公司推出，现有 Mac OS 版本与 Windows 版本，以下统称剪映专业版。

图　7.1

7.1.2　剪映 App 与剪映专业版的区别

作为抖音推出的剪辑工具，剪映可以说是一款非常适用于视频创作新手的剪辑神器，它操作简单且功能强大，同时能与抖音的衔接应用也是其深受广大用户所喜爱的原因之一。

剪映 App 与剪映专业版的最大区别在于二者基于的用户端不同，因此界面的布局势必有所不同。相较于剪映 App，剪映专业版基于计算机屏幕的优越性，可以为用户呈现更为直观、全面的画面编辑效果，这是 App 软件所不具备的优势。图 7.2 和图 7.3 所示分别为剪映 App 和剪映专业版的工作界面展示效果。

图　7.2

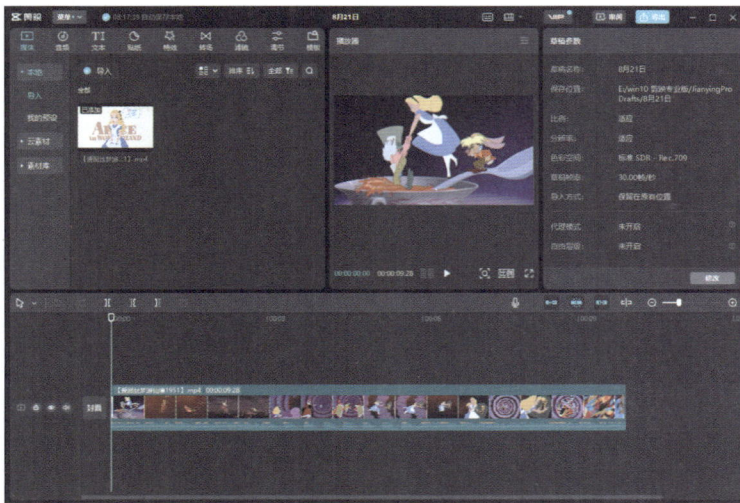

图　7.3

7.1.3 下载和安装剪映专业版

剪映专业版的下载和安装非常简单，下面以安装 Windows 版本为例为大家讲解具体的下载及安装方法。

在计算机浏览器的搜索框中，输入关键词"剪映专业版"查找相关内容。进入官方网站后，在主页单击"立即下载"按钮，如图 7.4 所示。单击该按钮后，浏览器将弹出任务下载框，用户可以自定义安装程序的存放位置，之后根据提示进行下载即可。完成上述操作后，在计算机的路径文件夹中找到安装程序文件，双击程序文件，打开程序安装界面，用户可以自定义软件的安装路径，完成后单击"立即安装"按钮，如图 7.5 所示，即可开始安装剪映程序。

图 7.4   图 7.5

等待程序自动安装，安装完成后，单击"立即体验"按钮，如图 7.6 所示，即可启动剪映专业版软件。

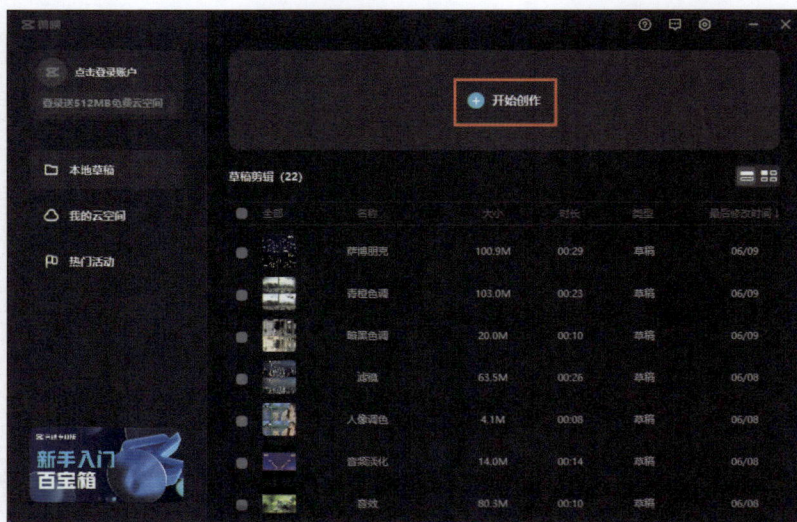

图 7.6

本书的编写基于剪映专业版 Windows 版本，若使用版本不同，实操部分的功能操作可能会存在差异，建议大家灵活对照自身所使用的版本进行变通学习。

7.2　剪映专业版的工作界面

启动剪映专业版软件后，首先映入眼帘的是首页界面，本节将为各位读者介绍剪映专业版软件的工作界面和功能。

7.2.1　创建与管理剪辑项目

创建与管理剪辑项目是视频编辑处理的基本操作，也是各位新手用户需要优先学习的内容。下面为大家介绍在剪映专业版中创建与管理剪辑项目的操作方法。

（1）启动剪映专业版软件，在首页界面中单击"开始创作"按钮 ⊕ 开始创作 ，如图 7.7 所示。

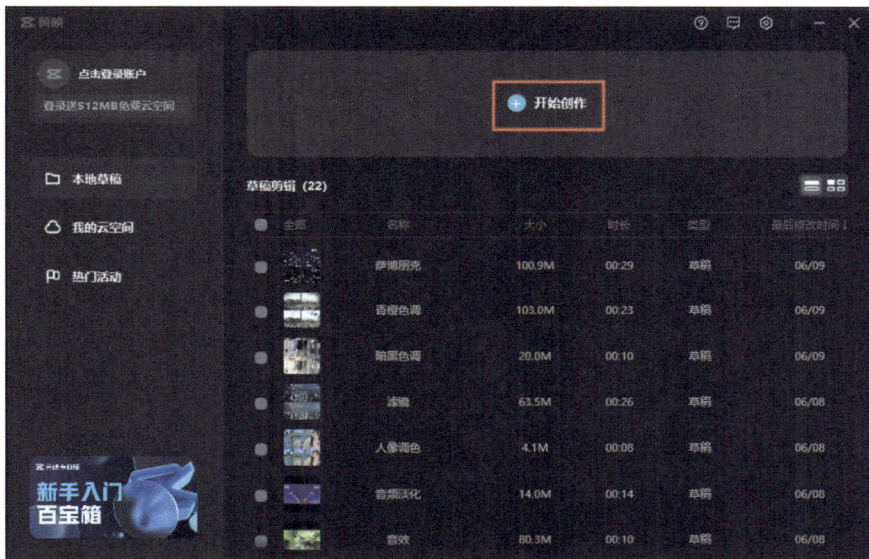

图　7.7

（2）进入视频编辑界面，此时已经创建了一个视频剪辑项目，单击"导入"按钮 ⊕ 导入 ，如图 7.8 所示。

（3）在打开的"请选择媒体资源"对话框中，打开素材所在的文件夹，选择需要使用的图像或视频素材，选择后单击"打开"按钮，如图 7.9 所示。

（4）完成上述操作后，选择的素材将导入剪映软件的本地素材库中，如图 7.10 所示，用户可以随时调用素材进行编辑处理。

（5）按住鼠标左键，将本地素材库中的图片素材拖入时间轴，如图 7.11 所示，这样就完成了素材的调用。

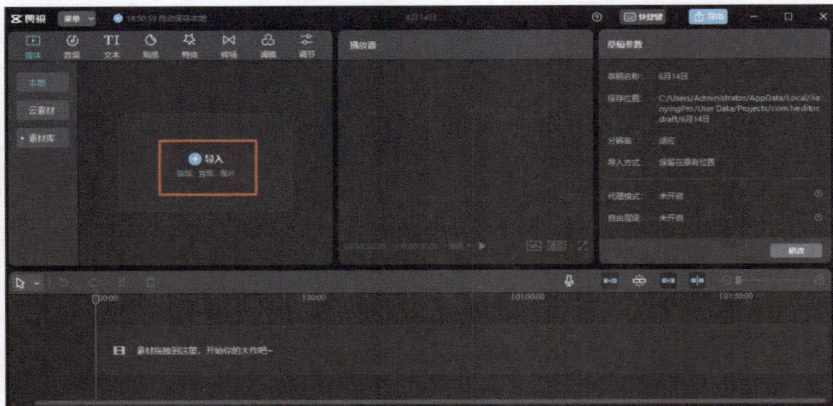

图 7.8

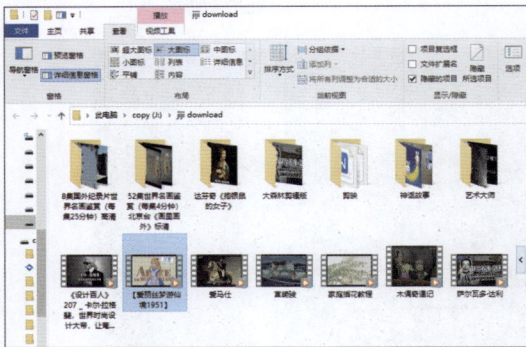

图 7.9

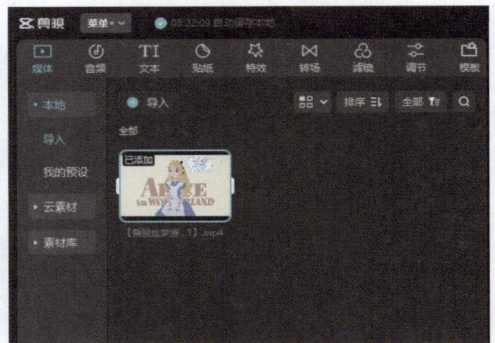

图 7.10

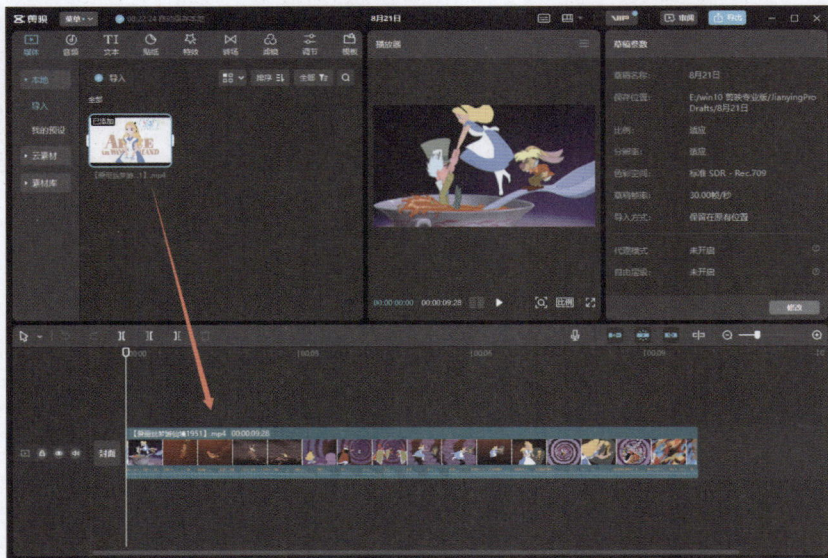

图 7.11

（6）在视频编辑界面的左上角，单击"菜单"按钮，在展开列表中选择"返回首页"命令，如图 7.12 所示。

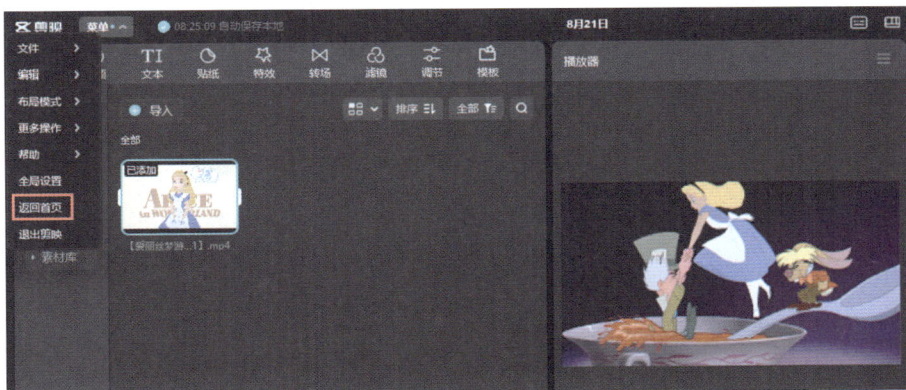

图 7.12

（7）回到首页，此时可以看到刚刚创建的剪辑项目被存放到了"草稿"区域，单击剪辑项目缩览图右下角的三点按钮，在展开的列表中可以进行"重命名""复制草稿""删除"等操作，如图 7.13 所示。

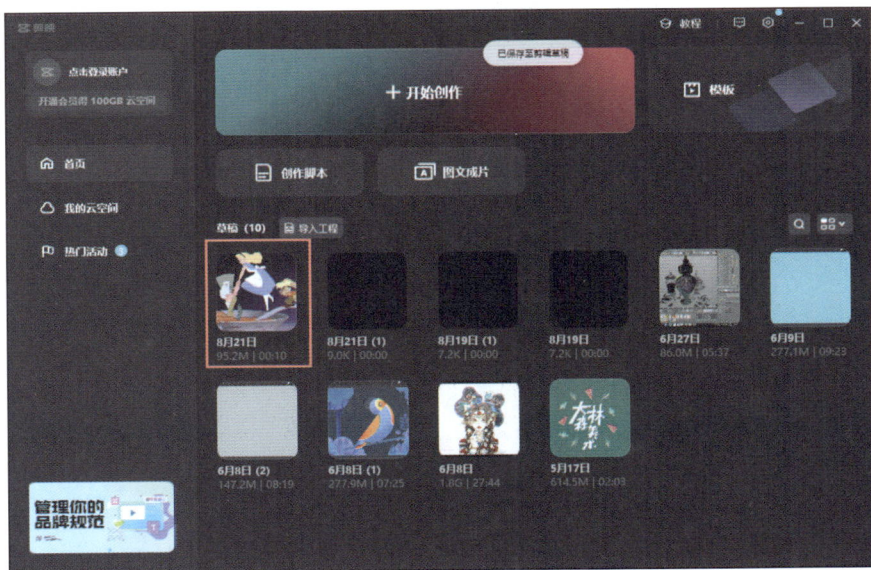

图 7.13

（8）在展开列表中，单击"重命名"选项，然后可以修改剪辑项目的名称，如图 7.14 所示。

（9）在展开列表中，单击"复制草稿"选项，在"草稿剪辑"区域将得到一个相同的副本项目，如图 7.15 所示。

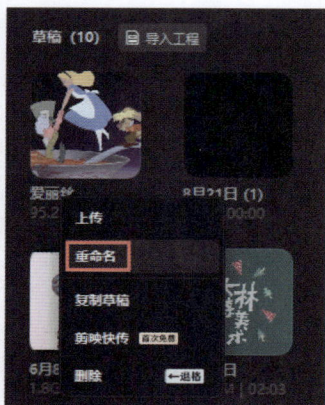

图 7.14

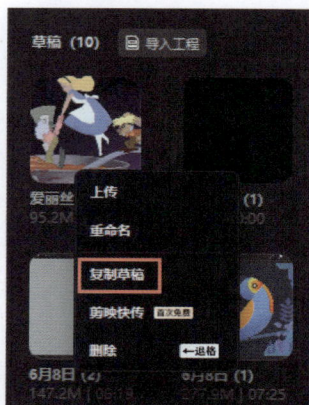

图 7.15

7.2.2 界面功能与快捷键

在创建剪辑项目后，即可进入剪映专业版的视频编辑界面，如图 7.16 所示。

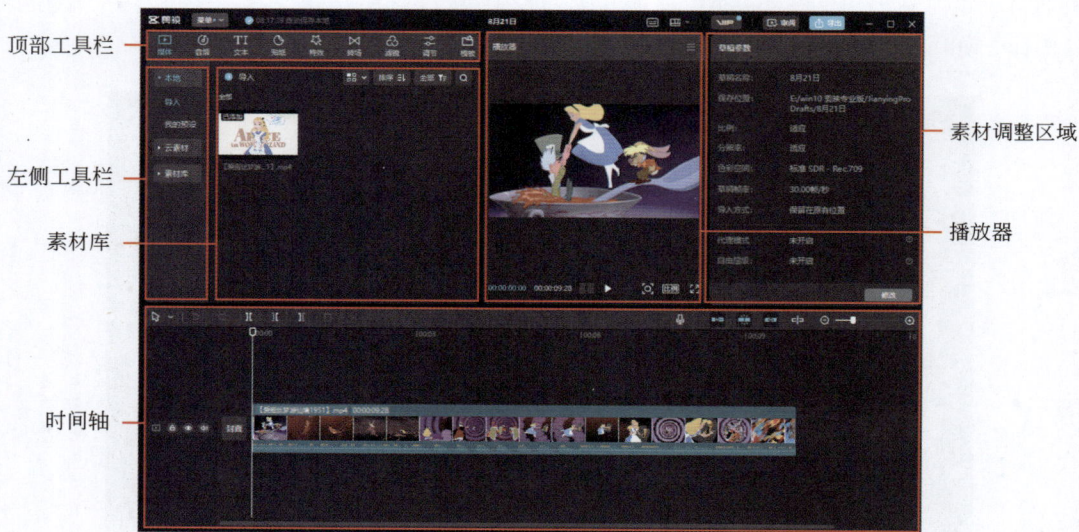

图 7.16

下面对编辑界面的各功能区域进行具体介绍。

1. 菜单命令

进入视频编辑界面后，单击界面顶部的"菜单"按钮 菜单 ，将展开菜单选项列表，如图 7.17 所示。

菜单选项说明如下。

- 文件：将鼠标指针悬停至"文件"选项上方时，在展开的列表中可选择执行"新建草稿""导入"和"导出"三项操作。

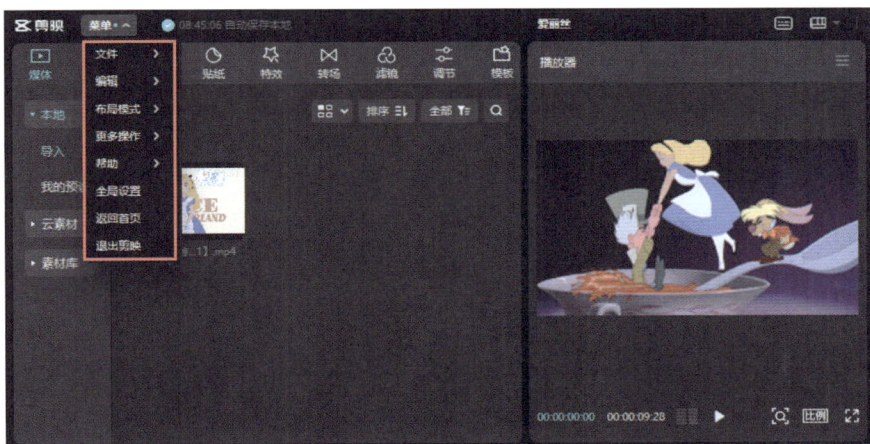

图　7.17

- 编辑：将鼠标指针悬停至"编辑"选项上方时,在展开的列表中可选择执行"撤销""恢复""复制""剪切""粘贴""删除"操作。
- 更多操作：将鼠标指针悬停至"更多操作"选项上方时,在展开的列表中可查看"用于协议""隐私条款""第三方协议"及版本号信息等。
- 帮助：将鼠标指针悬停至"帮助"选项上方时，在展开的列表中可查看快捷键及软件信息。
- 全局设置：单击该选项，可以设置草稿位置、素材大小、素材下载位置等信息。
- 返回首页：单击该选项，可返回首页界面。
- 退出剪映：单击该选项，可关闭剪映专业版软件。

2. 顶部工具栏

顶部工具栏位于编辑界面的上方,包含"媒体""音频""文本""贴纸"等选项,如图 7.18 所示。

图　7.18

- 媒体：在该选项中，用户可对剪辑项目进行基本的查看和管理。
- 音频：单击"音频"按钮⏱，可打开音乐素材列表，如图 7.19 所示。
- 文本：单击"文本"按钮**TI**，可打开文本素材列表，如图 7.20 所示。
- 贴纸：单击"贴纸"按钮◐，可打开贴纸素材列表，如图 7.21 所示。
- 特效：单击"特效"按钮✿，可打开特效素材列表，如图 7.22 所示。
- 转场：单击"转场"按钮▷◁，可打开转场素材列表，如图 7.23 所示。
- 滤镜：单击"滤镜"按钮♧，可打开滤镜素材列表，如图 7.24 所示。

图 7.19

图 7.20

图 7.21

图 7.22

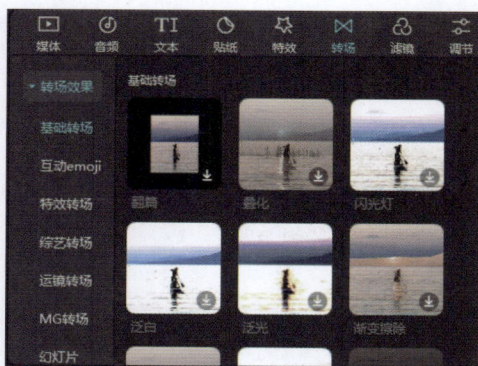

图 7.23

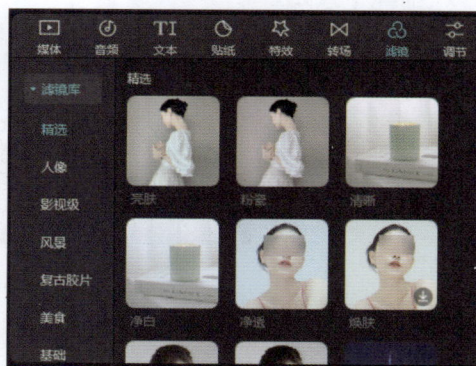

图 7.24

- 调节：单击"调节"按钮 ，可结合"调节"面板对素材进行亮度、对比度、饱和度等颜色参数的调节。

3. 左侧工具栏

左侧工具栏位于视频编辑界面的左上角，如图 7.25 所示，需要配合顶部工具栏进行使用，用户在顶部工具栏中单击不同按钮时，左侧工具栏中对应的选项参数也不一样。

4．素材库

素材库，顾名思义就是用于存放素材的区域，如图 7.26 所示。在剪映专业版中，当用户在顶部工具栏中单击不同按钮时，素材库也会相应进行切换，分别向用户展示音乐、贴纸、转场等素材。

图　7.25

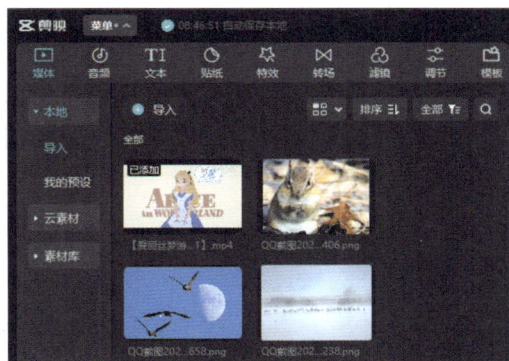

图　7.26

5．播放器

当用户在剪映专业版中导入素材后，可在素材库中单击素材，并在播放器中预览素材效果，如图 7.27 所示。当用户将素材拖入时间轴区域时，单击时间轴中的素材，同样可以在播放器中预览素材效果。

6．素材调整区域

素材调整区域位于视频编辑界面的右侧，当用户在时间轴区域中选择某个素材时，可在该区域中对素材的基本参数进行调整，如图 7.28 所示。

图　7.27

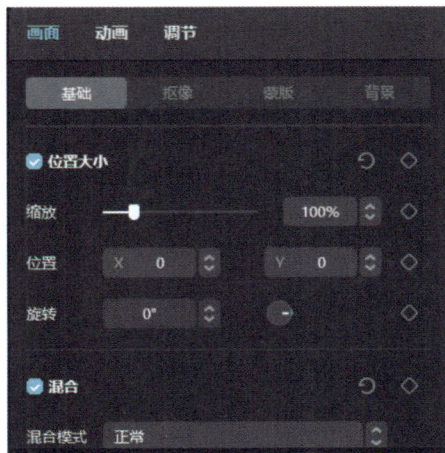

图　7.28

7. 时间轴

时间轴位于视频编辑界面的下方，是编辑和处理视频素材的主要工作区域，如图 7.29 所示。

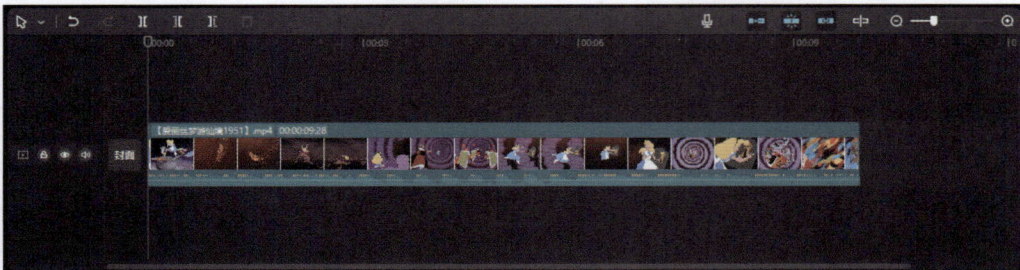

图　7.29

功能按钮说明如下。

- ⬚选择：单击该按钮可切换"选择"工具，该工具的快捷键为 A，此时用户可对素材库或时间轴中的素材进行移动、调整及其他命令操作。
- ⬚切割：单击该按钮可切换"切割"工具，该工具的快捷键为 B。在切换该工具之后，可对时间轴中的素材进行切割操作。
- ⬚撤销：单击该按钮，可撤销上一步操作。
- ⬚恢复：单击该按钮，可恢复撤销的操作。
- ⬚分割：单击该按钮，可沿当前时间线所处位置分割时间轴中的素材。
- ⬚删除：单击该按钮，可删除时间轴中选中的素材。
- ⬚定格：当用户在时间轴中选中视频素材时，该按钮为可使用状态。将时间线移动要定格的画面所处的时间点，单击该按钮，此时将在时间轴中自动生成 3 秒的定格素材。
- ⬚倒放：单击该按钮，可使时间轴中选中的视频素材倒放。
- ⬚镜像：单击该按钮，可使选中的素材画面沿水平方向翻转。
- ⬚旋转：单击该按钮，可以对选中的素材画面进行旋转操作。
- ⬚裁切：单击该按钮，可对选中的素材画面进行比例裁切或自由裁切。
- ⬚打开 / 关闭吸附：单击该按钮，可打开或关闭时间线吸附功能。
- ⬚打开 / 关闭预览轴：单击该按钮，可打开或关闭预览轴。
- ⬚━━●━━⬚时间线缩小 / 放大：左右拖动滑块，可以调整时间轴大小。

提示：用户在 Windows 版和 Mac OS 版上进行操作时，两者的功能和操作方法基本相同，均可以实现同样的视频效果。不过，Mac OS 版与 Windows 版存在一些细微差别，例如，Mac OS 版本的时间线窗口少了一个吸附功能（可将素材自动对齐时间轴），用户在做某些效果时需要注意。

8. 操作快捷键

在剪映专业版中，部分操作可以直接使用快捷键完成，用户可以借此极大地提升剪辑效率，不过 Mac OS 版与 Windows 版的快捷键存在一些细微差别，下面进行总结，如表 7.1 所示。

表　7.1

操作说明	Mac OS 版	Windows 版
分割	Command+B	Ctrl+B
复制	Command+C	Ctrl+C
剪切	Command+X	Ctrl+X
粘贴	Command+V	Ctrl+V
删除	Delete(删除键)	Backspace(回退键) Delete（删除键）
撤销	Command+Z	Ctrl+Z
恢复	Shift+Command+Z	Shift+Ctrl+Z
上一帧	无	←
下一帧	无	→
手动踩点	Command+J	Ctrl+J
轨道放大	Command++	Ctrl++
轨道缩小	Command+−	Ctrl+−
时间线上下滚动	无	滚轮上下
时间线左右滚动	无	Alt+ 滚轮上下
吸附开关	无	N
播放暂停	空格键	Spacebar(空格键)
全屏 / 退出全屏	Command+F	Ctrl+F
取消播放器对齐	无	长按 Ctrl
新建草稿	Command+N	Ctrl+N
导入视频 / 图像	Command+I	Ctrl+I
切换素材面板	无	Tab（跳格键）
关闭功能面板	Esc	无
导出	Command+E	Ctrl+E
退出	Command+Q	Ctrl+Q

提示： 在剪映的视频剪辑界面中单击右上角的按钮 ⑦，即可弹出 "快捷键" 对话框，合理使用这些快捷键，能够帮助用户提升剪辑效率。

7.2.3　剪映云盘同步编辑

在使用剪映编辑视频时，系统会自动将剪辑视频保存至草稿箱，可是草稿箱的内容一旦删除就找不到了，为了避免这种情况，用户可以将重要的视频发布到云空间，这样不仅可以将视频备份储存，还可以实现多设备同步编辑，操作步骤如下。

（1）启动剪映专业版软件，登录抖音账号，在草稿箱中勾选需要进行备份的视频，单击 "上传云端" 按钮 ☁，如图 7.30 所示。

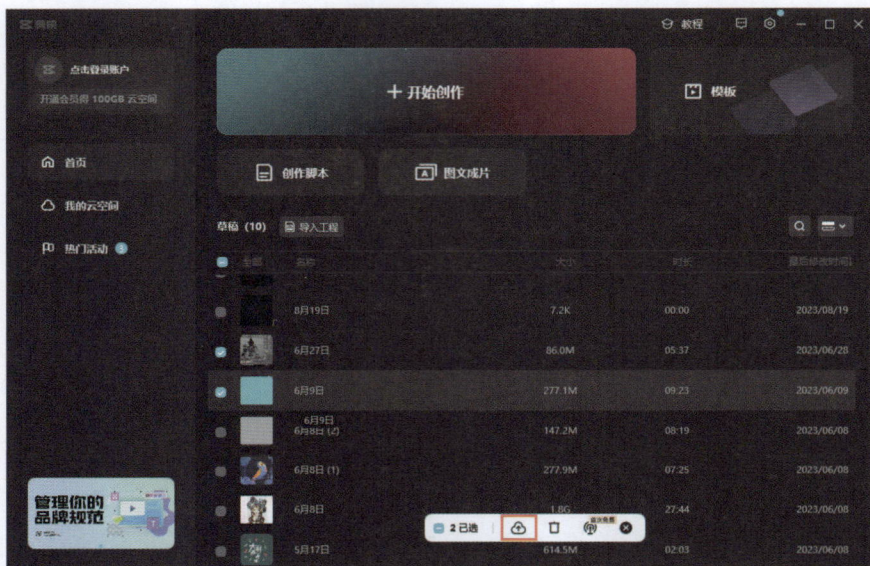

图 7.30

（2）在界面弹出的对话框中单击"上传到此"按钮，如图 7.31 所示。

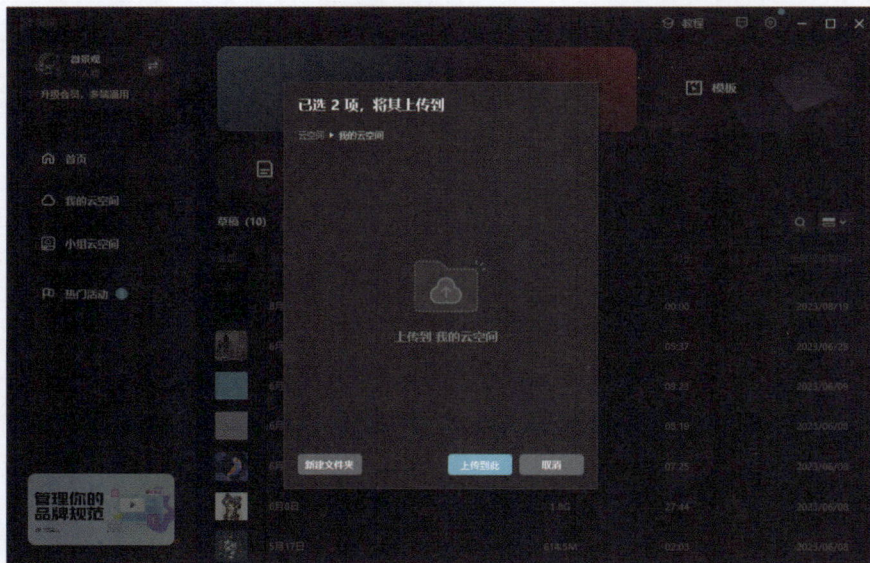

图 7.31

（3）将视频备份至云端后，单击"我的云空间"可以查看存储的视频项目，如图 7.32 所示。

（4）在手机上打开剪映 App，登录同一个剪映账号，在首页单击"剪映云"按钮，如图 7.33 所示，可以在"我的云空间"里看见上述备份的视频项目，如图 7.34 所示。

图　7.32

图　7.33

图　7.34

（5）单击视频缩览图中的"下载"按钮，可将视频下载至本地，在界面弹出的对话框中单击"前往编辑"按钮，如图 7.35 所示。

（6）跳转至主界面后，可以看到该视频项目已下载至"本地草稿"，如图 7.36 所示；用户单击视频缩览图，即可打开视频编辑界面，在手机端继续进行后期编辑，如图 7.37 所示。

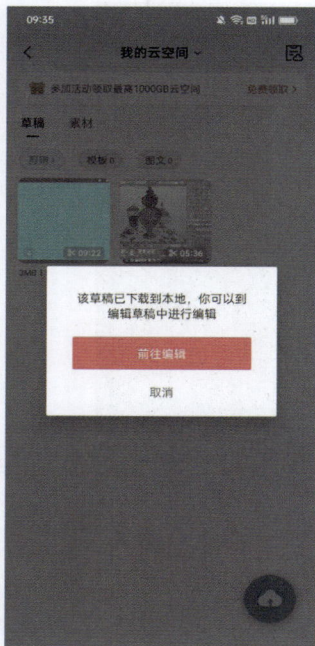

图 7.35   图 7.36   图 7.37

7.3　素材处理

在剪映专业版中，用户可以在时间轴中编辑置入的素材，并根据视频的构思自如地组合、剪辑素材，使视频最终形成所需的播放顺序。本节将介绍素材处理的一些基本操作，帮助大家快速掌握视频剪辑的方法和技巧。

7.3.1　素材导入

剪映专业版支持用户编辑和处理 JPG、PNG、MP4、MP3 等多种格式的文件，在剪映专业版中创建剪辑项目后，用户可以将计算机中或剪映素材库中的视频素材、图像素材、音频素材导入剪辑项目，操作步骤如下。

（1）启动剪映专业版软件，在首页界面中单击"开始创作"按钮 ⊕ 开始创作，如图 7.38 所示。

（2）进入视频编辑界面，单击"素材库"按钮，打开素材库选项栏，如图 7.39 所示。

（3）向下滑动素材库选项栏，单击"片头"按钮，在片头列表中选择第一个黑白素材，单击素材缩览图右下角的"添加到轨道"按钮 ⊕，即可将该素材添加到时间轴中，如图 7.40 所示。

（4）在视频编辑界面中单击"本地"按钮→"导入"按钮 ⊕导入，如图 7.41 所示。

（5）在打开的"请选择媒体资源"对话框中，选择 5 张关于风景的图像素材，选择完成后单击"打开"按钮，将素材导入剪辑项目的素材库中，如图 7.42 和图 7.43 所示。

视频

图　7.38

图　7.39

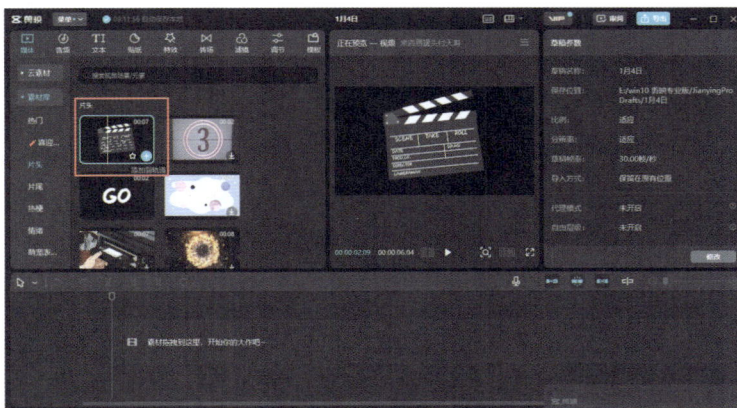

图　7.40

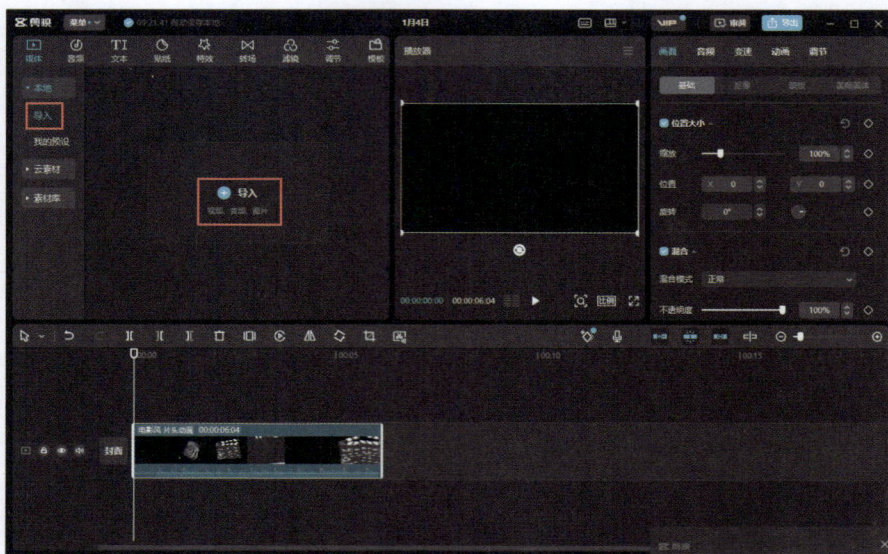

图 7.41

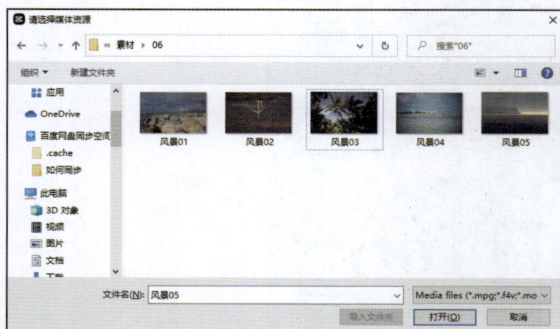

图 7.42

图 7.43

（6）将时间线定位至片头素材的尾端，在剪辑项目的素材库中单击素材缩览图右下角的"添加到轨道"按钮⊕，将 5 张图像素材添加到时间轴中，如图 7.44 所示。

（7）在时间轴中单击素材 1 的缩览图，选中素材，将素材右侧的白色拉杆向左拖动，使素材的持续时间缩短至 1 秒（拖动时可观察播放器上的时间，以进行精准控制），余下 4 段素材重复上述操作，如图 7.45 所示。

（8）将时间线定位至第 6 段素材的尾端，单击"素材库"按钮，打开素材库选项栏，向下滑动，单击"片尾"按钮，在片尾列表中选择图 7.46 所示的选项，单击该素材缩览图右下角的"添加到轨道"按钮⊕，将片尾素材添加到时间轴中。

（9）完成上述操作后，播放预览视频，效果如图 7.47 所示。

提示：播放器左下角的时间，表示当前时长和视频的总时长。单击右下角的按钮⤢，可全屏预览视频效果。单击"播放"按钮▶，即可播放视频。用户在进行视频编辑操作后，单击"撤回"按钮↺，即可撤销上一步操作。

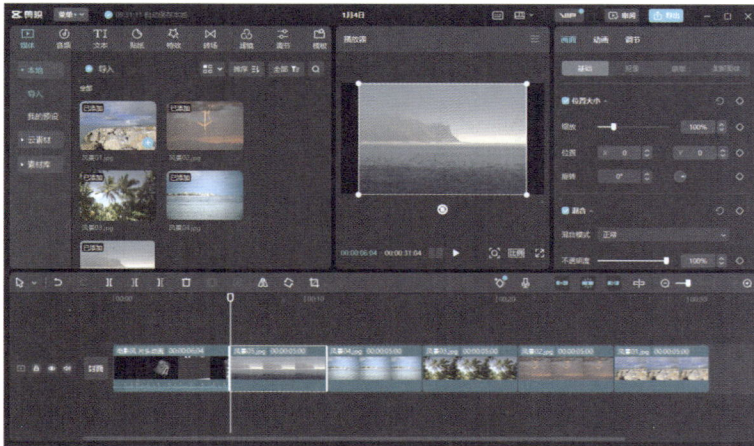

图　7.44

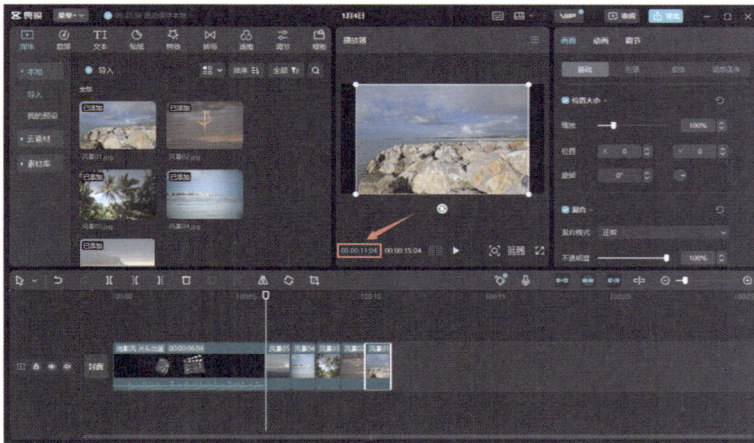

图　7.45

图　7.46

图 7.47

7.3.2 素材分割

视频

在剪映专业版中导入素材之后，可以对其进行分割处理，并删除多余的片段，下面介绍具体操作方法。

（1）启动剪映专业版软件，在首页界面中单击"开始创作"按钮 ⊕ 开始创作，如图 7.48所示。

（2）进入视频编辑界面，单击"导入"按钮 ⊕ 导入，如图 7.49 所示。

图 7.48

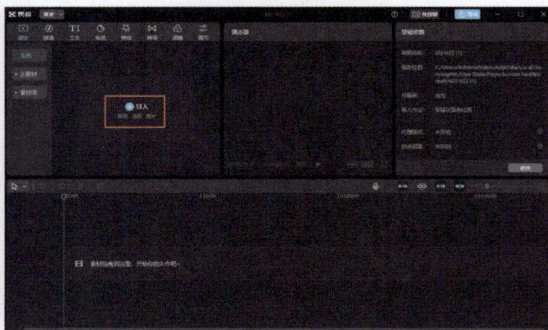

图 7.49

（3）在"请选择媒体资源"对话框中打开素材所在的文件夹，选择 4 段风景的视频文件，如图 7.50 所示。

（4）单击"打开"按钮，将视频文件导入"本地"素材库中，如图 7.51 所示。

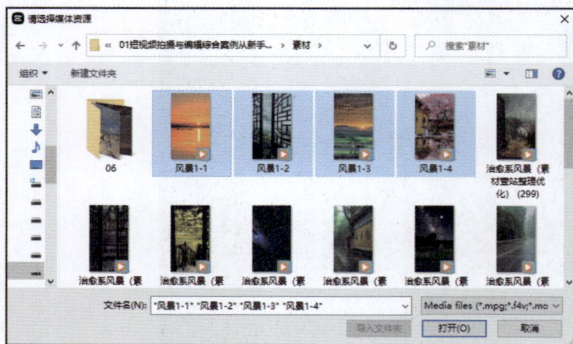

图 7.50

图 7.51

（5）单击视频缩览图右下角的"添加到轨道"按钮 ，将素材添加到时间轴中，如图 7.52 所示。

图　7.52

（6）选中素材 1，拖曳时间线至视频中想要的画面位置，单击"分割"按钮 ，如图 7.53 所示。

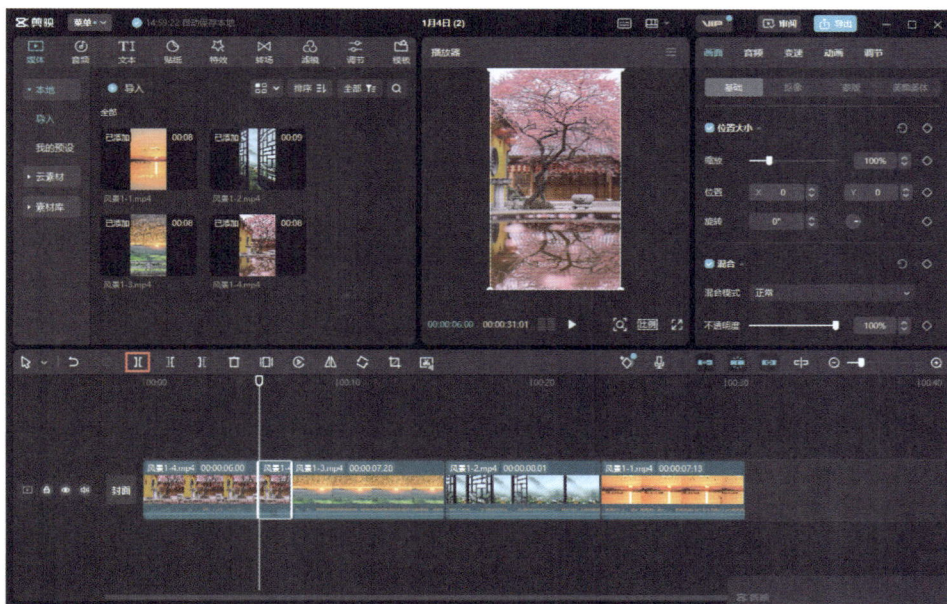

图　7.53

（7）执行操作后，即可分割视频，选中分割出来的前半段视频，如图 7.54 所示。

（8）单击"删除"按钮 ，即可删除多余的视频片段，如图 7.55 所示。

（9）再次选中素材 1，拖曳时间线至视频中想要的画面位置，单击"分割"按钮 ，如图 7.56 所示。

（10）执行操作后，选中分割出来的后半段视频，如图 7.57 所示。

（11）单击"删除"按钮 ，即可将删除后半段多余的视频片段，如图 7.58 所示。

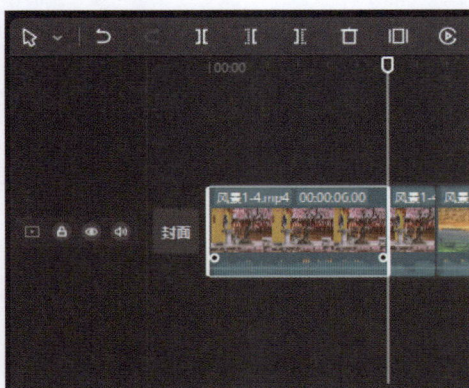

图 7.54

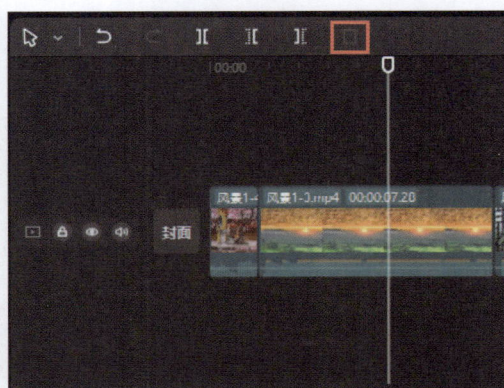

图 7.55

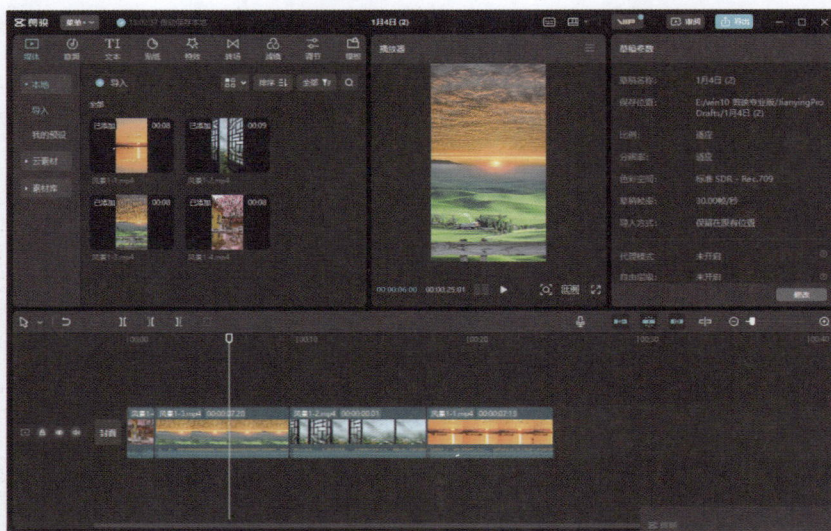

图 7.56

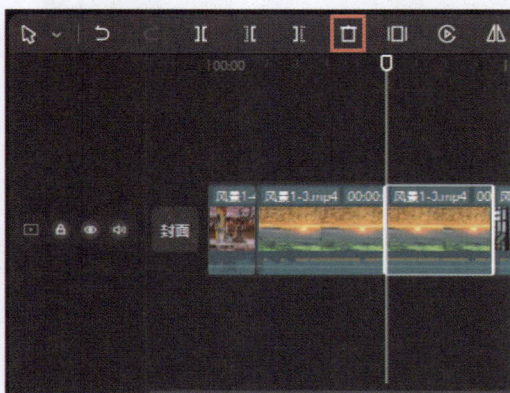

图 7.57

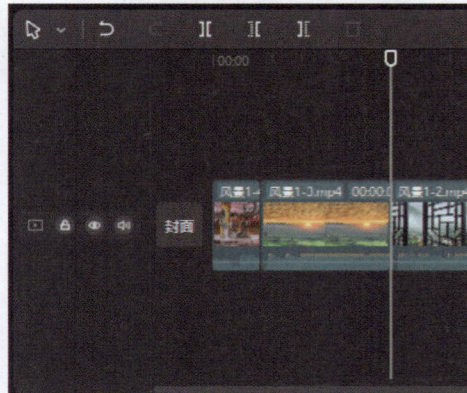

图 7.58

（12）参照步骤（6）至步骤（11）的操作方法，对剩余的素材进行分割截取，只保留需要的画面。完成所有操作后，即可制作出一个简单的风景集锦短视频，视频效果如图 7.59 所示。

图　7.59

7.3.3　素材替换

在进行视频编辑处理时，如果用户对某部分的画面效果不满意，直接删除该素材，势必会对整个剪辑项目产生影响。想要在不影响项目的情况下换掉不满意的素材，可以通过剪映中的"替换"功能轻松实现，操作步骤如下。

（1）在剪映中导入多段视频素材并添加到时间轴上，选择需要进行替换的素材片段，单击鼠标右键，在界面弹出的对话框中单击"替换片段"按钮，如图 7.60 所示。

图　7.60

（2）在"请选择媒体资源"对话框中打开素材所在的文件夹，选择一段风景的视频文件，单击"打开"按钮，如图 7.61 所示。

（3）在弹出的"替换"对话框中，单击"替换片段"按钮，如图 7.62 所示。

（4）执行操作后，选中的素材片段便会被替换成新的视频片段，如图 7.63 所示。

图　7.61

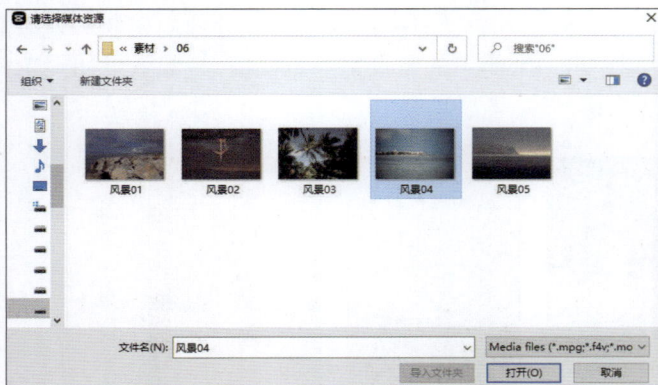

图　7.62

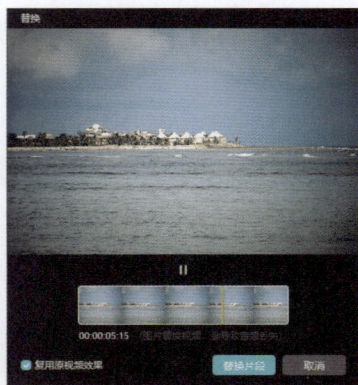

图　7.63

7.3.4　裁剪画面

用户在前期拍摄视频时，如果发现画面局部有瑕疵或者构图不太理想，也可以在后期利用剪映的"裁剪"功能裁掉部分画面，下面介绍具体的操作方法。

（1）在剪映中导入视频素材并添加到时间轴上，选中视频轨道，单击"裁剪"按钮 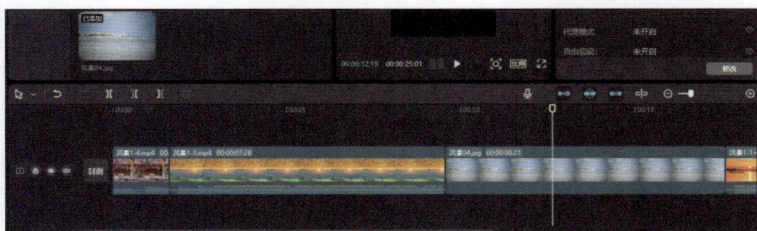，如图 7.64 所示。

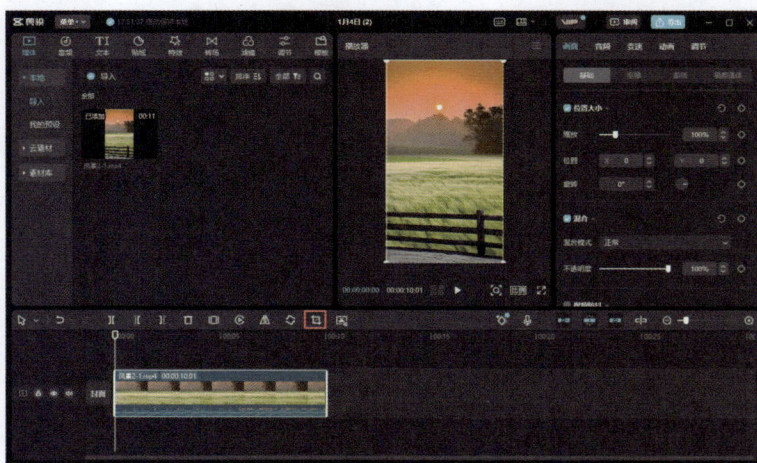

图　7.64

（2）在"裁剪"对话框的预览区域中拖曳裁剪控制框，对画面进行适当裁剪，然后单击"确定"按钮，确认裁剪操作，如图 7.65 和图 7.66 所示。

图　7.65

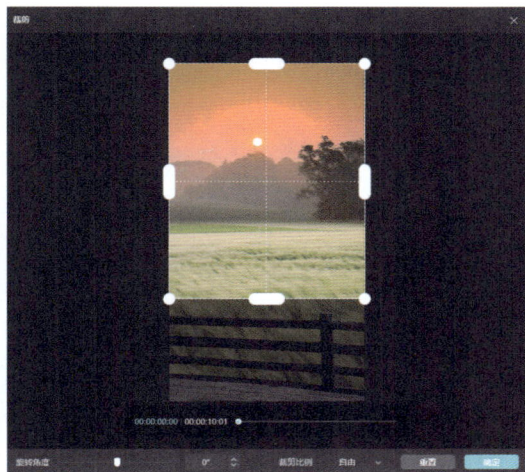

图　7.66

（3）完成所有操作后，播放预览视频，效果如图 7.67 所示。

图　7.67

7.3.5　导出视频

当用户完成对视频的剪辑操作后，可以通过剪映的"导出"功能，开始导出视频作品为 .mp4 或者 .mov 等格式的成品。下面介绍将视频导出为 4K 画质的操作方法。

（1）在剪映中导入一段视频素材，并将其添加到时间轴中，单击"导出"按钮，如

视频

图 7.68 所示。

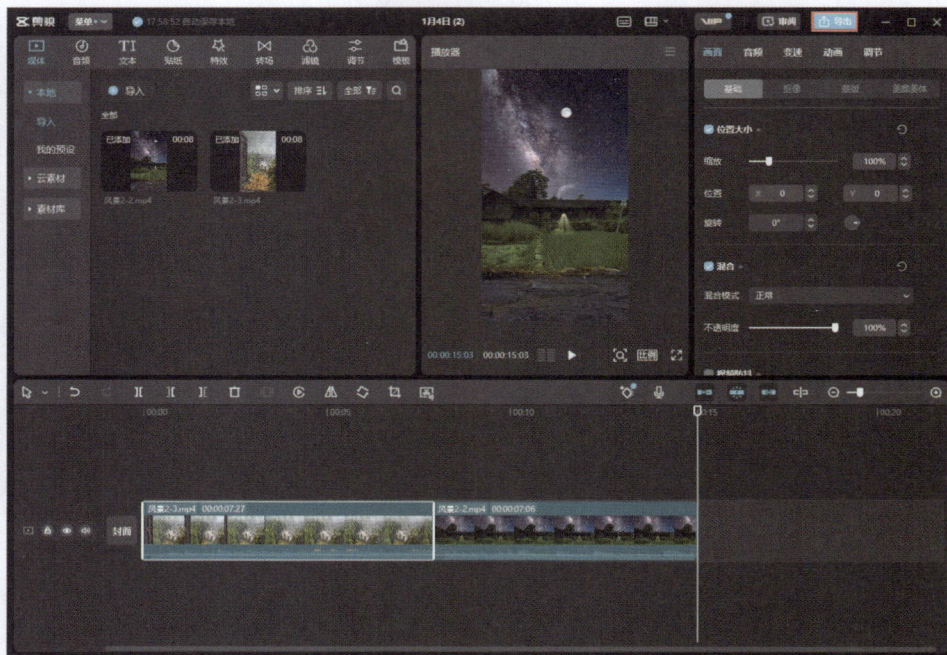

图　7.68

（2）在"导出"对话框的"名称"文本框中输入导出视频的名称，如图 7.69 所示。

（3）单击"导出"按钮，弹出"请选择导出路径"对话框，选择相应的保存路径，单击"选择文件夹"按钮确认，如图 7.70 所示。

图　7.69

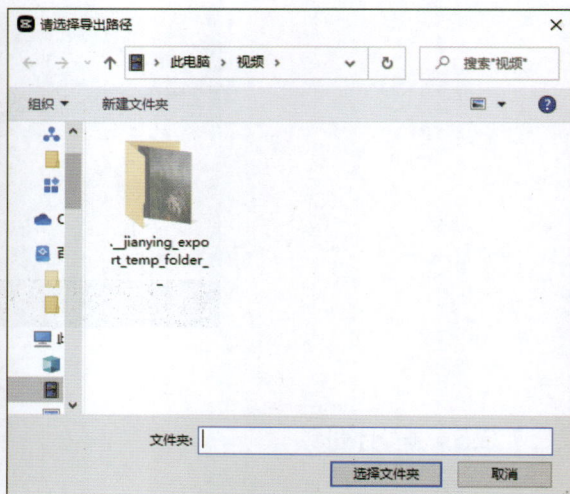

图　7.70

（4）在"分辨率"下拉列表中选择"4K"选项；在"码率"下拉列表框中选择"更高"选项；在"帧率"下拉列表框中选择"60fps"选项（注意，此处的"帧率"参数要与视频拍摄时选择的参数相同，否则即使选择最高的参数也会影响画质）；在"格式"下拉列表框中选择"mp4"选项，便于手机观看，如图 7.71 所示。

（5）单击"导出"按钮，显示导出进度，如图 7.72 所示。

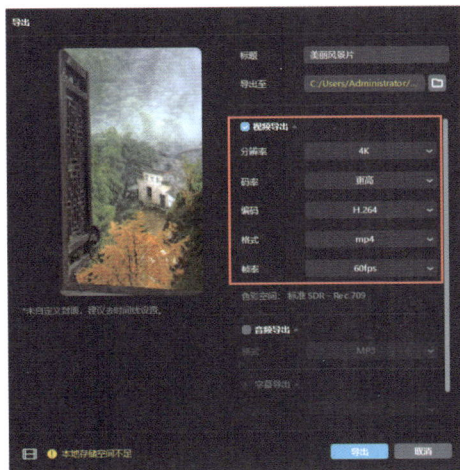

图　7.71

图　7.72

（6）导出完成后，选中"打开文件夹"复选框，如图 7.73 所示。

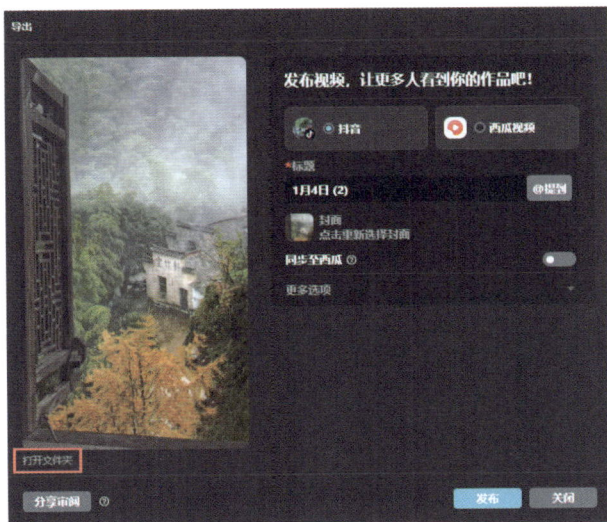

图　7.73

（7）跳转至视频所在文件夹，双击视频文件，即可自动打开导出的视频文件，播放预览视频，效果如图 7.74 所示。

图　7.74

7.4　视频功能应用

影片编辑工作是一个不断完善和精细化原始素材的过程，作为一个合格的视频创作者，要学会灵活运用剪辑软件的各个功能打磨出优秀的影片，本节将介绍剪映的各项基本功能。

7.4.1　横版与竖版视频的切换

使用剪映的比例调整功能，可以快速将横版视频转换为竖版效果，下面介绍具体的操作方法。

（1）在剪映中导入视频素材并添加到时间轴中，单击播放器中的"原始"按钮，如图 7.75 所示。

图　7.75

（2）在弹出的下拉列表中选择"9:16"选项，即可将视频画布调整为相应尺寸大小，如图 7.76 所示。

（3）使用这种方法制作的竖版视频，画面上下会出现黑色背景，同时视频画面能够获得完整的展现，效果如图 7.77 所示。

（4）如果对效果不满意，也可以选中视频轨道，并在播放器的显示区域中调整视频画面的大小和展现区域，如图 7.78 所示。

（5）使用这种方法制作的竖版视频，画面上下没有黑色背景，能够获得满屏展现，但视频画面会被大量裁剪，只能显示局部区域，效果如图 7.79 所示。

图　7.76

图　7.77

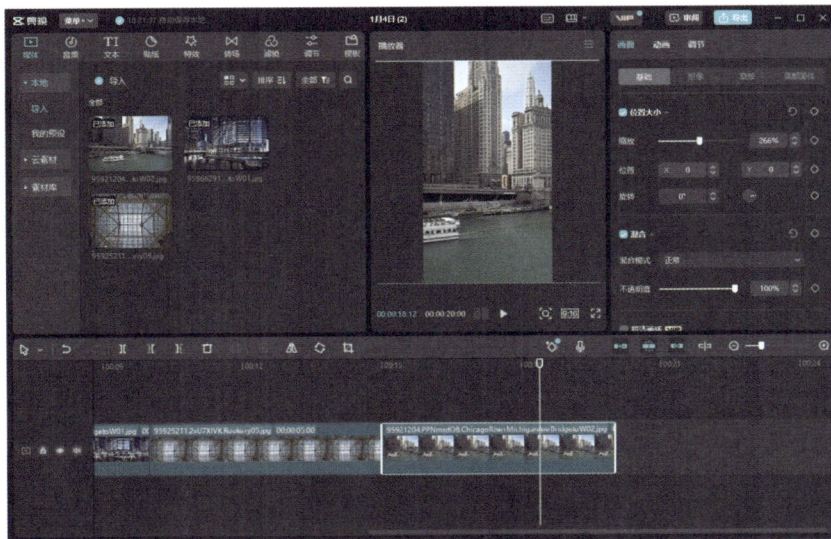

图　7.78

图　　7.79

抖音平台的竖版视频尺寸为 1080 像素 ×1920 像素，即 9∶16 的宽高比。对于尺寸过大的视频，抖音会对其进行压缩，因此，画面可能会变得很模糊。

7.4.2　视频倒放效果

使用剪映的倒放功能，可以制作出时空倒流的视频画面效果，下面介绍具体的操作方法。

（1）在剪映中导入视频素材并添加到时间轴中，选中视频素材，单击"倒放"按钮，如图 7.80 所示。

视频

图　　7.80

（2）执行操作后，即可对视频进行倒放处理，并显示处理进度，如图 7.81 所示。

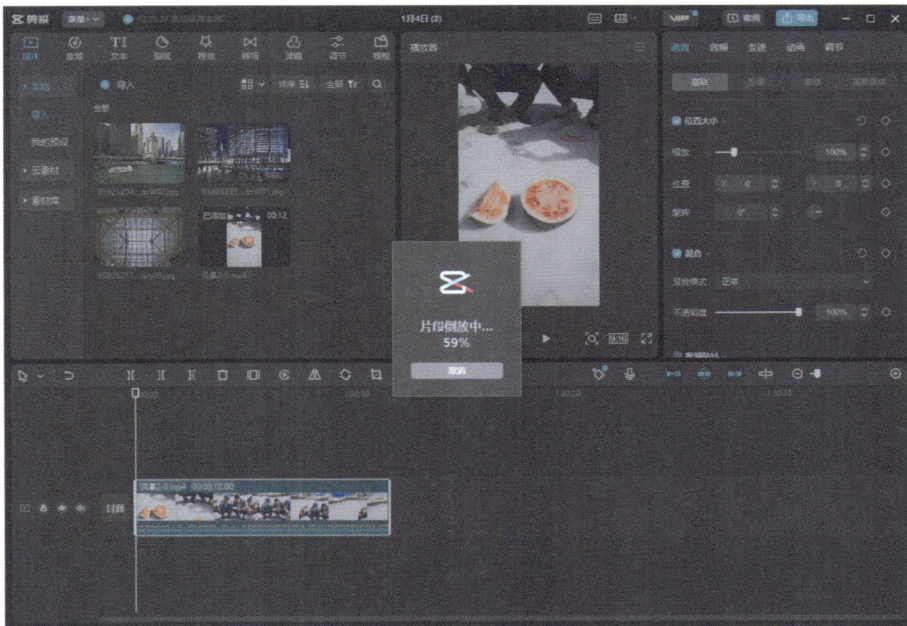

图　7.81

（3）稍等片刻即可完成倒放处理，预览视频效果，如图 7.82 所示。

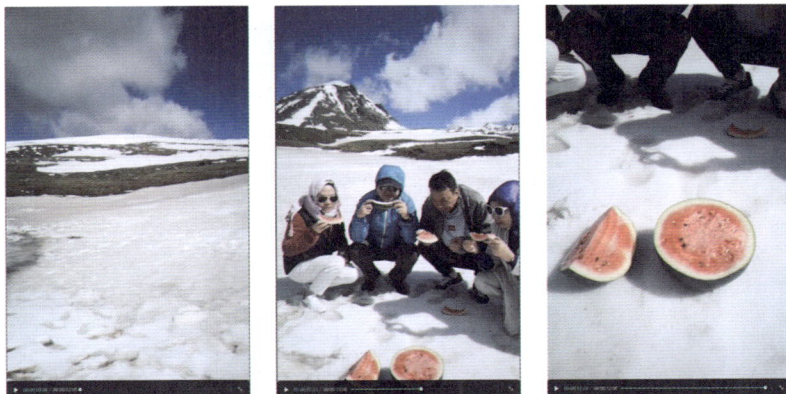

图　7.82

7.4.3　动画设置

剪映为用户提供了放大、缩小、伸缩、回弹、形变、抖动等众多动画效果，用户可以尝试为素材添加这些效果来起到丰富画面的作用，下面介绍具体的操作方法。

（1）在剪映中导入图像素材并添加到时间轴中，在时间轴中选中素材 1，向前拖动素材右侧的白色拉杆，使素材的持续时间缩短至 1.5 秒，余下素材重复上述操作，如图 7.83

视频

所示。

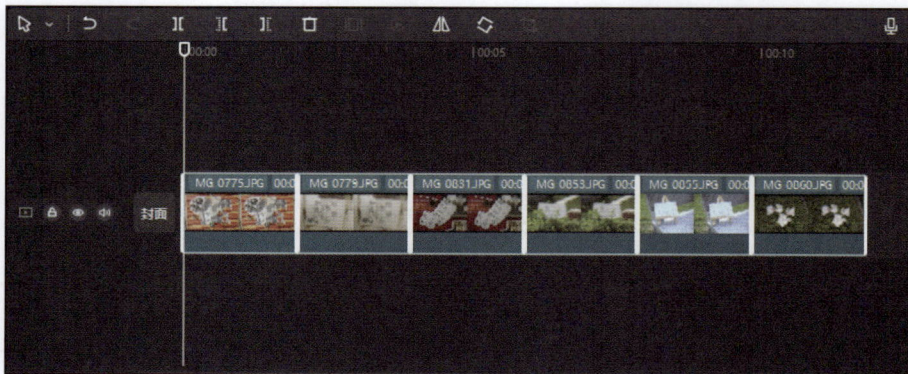

图　7.83

（2）选中素材 1，在素材调整区域中单击"动画"按钮，选择"入场"选项中的"动感放大"效果，拖曳"动画时长"滑块，将其参数设置为 1.0 秒，如图 7.84 所示。

图　7.84

（3）在时间轴中选中素材 2，在素材调整区域中单击"动画"按钮，选择"入场"选项中的"动感缩小"效果，拖曳"动画时长"滑块，将其参数设置为 1.0s，如图 7.85 所示。

（4）参照步骤（2）和步骤（3）的操作方法，为剩余素材添加"动感放大"和"动感缩小"动画效果。

（5）完成动画效果的添加后，播放预览视频，效果如图 7.86 和图 7.87 所示。

图　7.85

图　7.86

图　7.87

7.4.4　视频定格效果

通过剪映的定格功能，可以让视频画面定格在某个瞬间，用户使用这个功能可以制作出定格拍照的效果，下面介绍具体的操作方法。

（1）在剪映中导入一段视频素材，并将其添加至时间轴中，如图 7.88 所示。

（2）将时间轴拖曳至画面中动物动作的停顿处，如图 7.89 所示；单击"定格"按钮▢，执行操作后，即可生成定格片段，如图 7.90 所示。

（3）按照步骤（2）的操作将视频画面中动物停顿的动作全部定格，如图 7.91 所示。

（4）选中最后一段多余的视频素材，单击"删除"按钮▢，如图 7.92 所示。

149

图 7.88

图 7.89

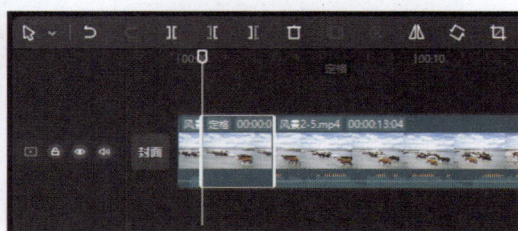

图 7.90

图 7.91

图 7.92

（5）选中第一个定格片段，拖曳定格片段右侧的白色拉杆，将时间长度调整至 0.8 秒左右，如图 7.93 所示。

（6）参照步骤（5）的操作方法，将所有定格片段的持续时间都调整至 0.8 秒，如图 7.94 所示。

（7）完成所有操作后，即可制作出动物定格拍照效果，如图 7.95 所示。

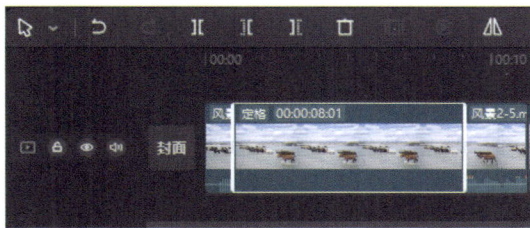

图　7.93

图　7.94

图　7.95

7.4.5　画中画效果

视频

"画中画"，顾名思义就是使画面中再次出现一个画面，通过画中画功能可以实现简单的画面合成操作，也可以使多个画面同步播放，下面介绍具体的操作方法。

（1）在剪映中导入 3 段视频素材，并将其添加至时间轴中，如图 7.96 所示。

（2）按住鼠标左键，将素材 2 移动至素材 1 上方的画中画轨道，将素材 3 拖入素材 2 上方的画中画轨道，如图 7.97 所示。

画中画功能可以在一个视频中同时显示多个视频素材的画面。在剪映手机版的工具栏中，会直接显示"画中画"功能按钮；而计算机版虽然没有直接显示该功能，但用户仍然可以通过拖曳视频至画中画轨道的方式，来进行多轨道操作。

（3）将时间线移动至素材 1 的尾端，选中素材 2，单击"分割"按钮 ⅠⅠ →"删除"按钮 ▢，如图 7.98 和图 7.99 所示。

图 7.96

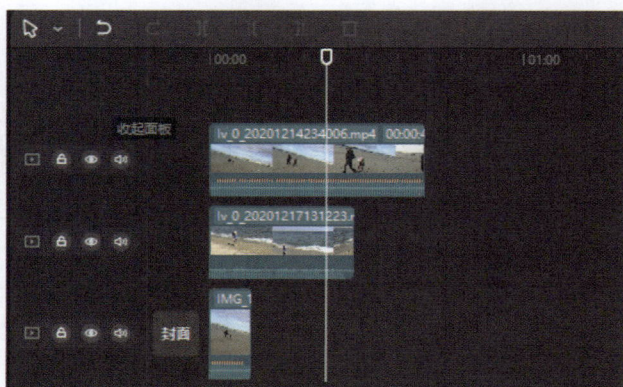

图 7.97

图 7.98

图　7.99

（4）参照步骤（3）的操作方法，对素材 3 进行分割并删除多余的视频片段，使 3 段视频素材的长度保持一致，如图 7.100 所示。

图　7.100

（5）单击播放器中的"原始"按钮，在弹出的下拉列表中选择"9:16"选项，如图 7.101 所示。

（6）在时间轴中选中素材 3，在播放器中将其移动至显示区域的下方，如图 7.102 所示。

（7）在时间轴中选中素材 1，在播放器中将其移动至显示区域的上方，然后将视频画面调整至合适的大小，如图 7.103 所示。

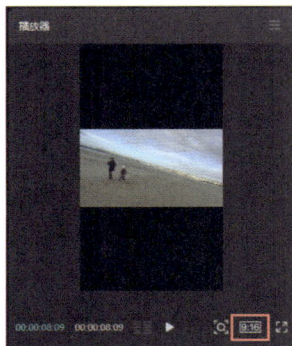

图　7.101

图　7.102

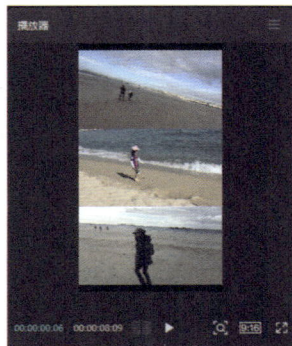

图　7.103

（8）完成所有操作后，便可实现三个画面同步播放，预览视频效果如图 7.104 所示。

图　7.104

在剪辑视频时，一个视频轨道通常只能显示一个画面，两个视频轨道就能制作成两个画面同时显示的画中画特效。如果要制作多画面的画中画，需要用到多个视频轨道。

7.4.6　画面镜像效果

视频

使用剪映的镜像功能，可以对视频画面进行水平镜像翻转操作，打造空间倒置效果，下面介绍具体的操作方法。

（1）在剪映中导入 1 个视频素材，添加 2 个重复的素材到时间轴中，如图 7.105 所示。

图　7.105

（2）选择第 2 段素材，将其拖曳至上方的画中画轨道中，如图 7.106 所示。

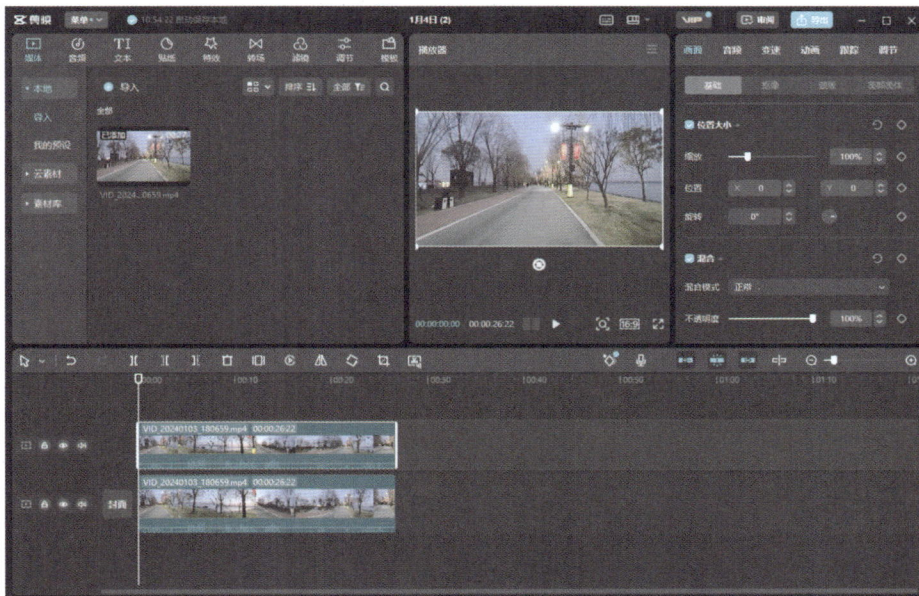

图　7.106

（3）单击播放器中的"原始"按钮，在弹出的下拉列表中选择"9:16"选项。

（4）选中画中画轨道，在播放器中将其移动至显示区域的上方，选择原始轨道的素材，双击"旋转"按钮，将画面倒置，如图 7.107 所示。

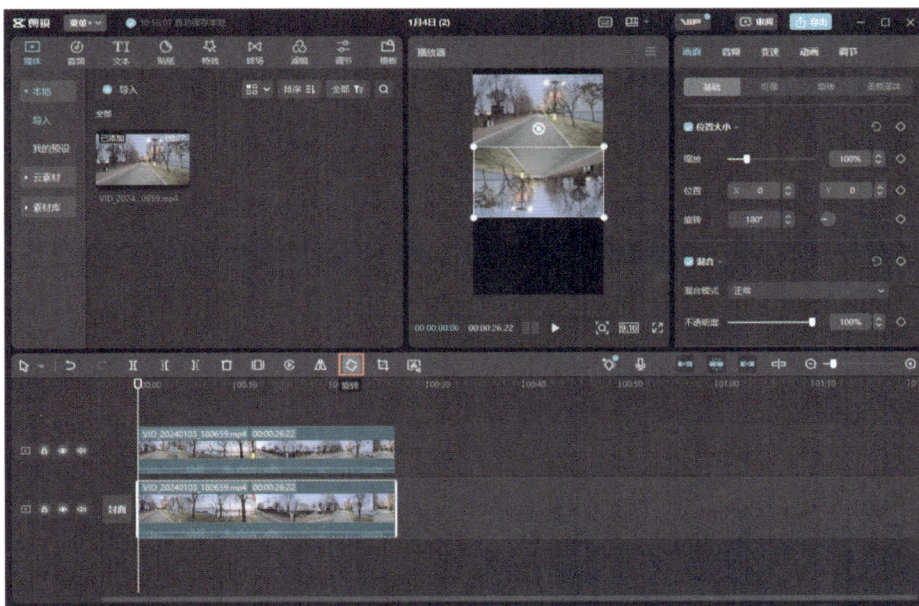

图　7.107

（5）单击"镜像"按钮 ⚟，将画面翻转，如图 7.108 所示。

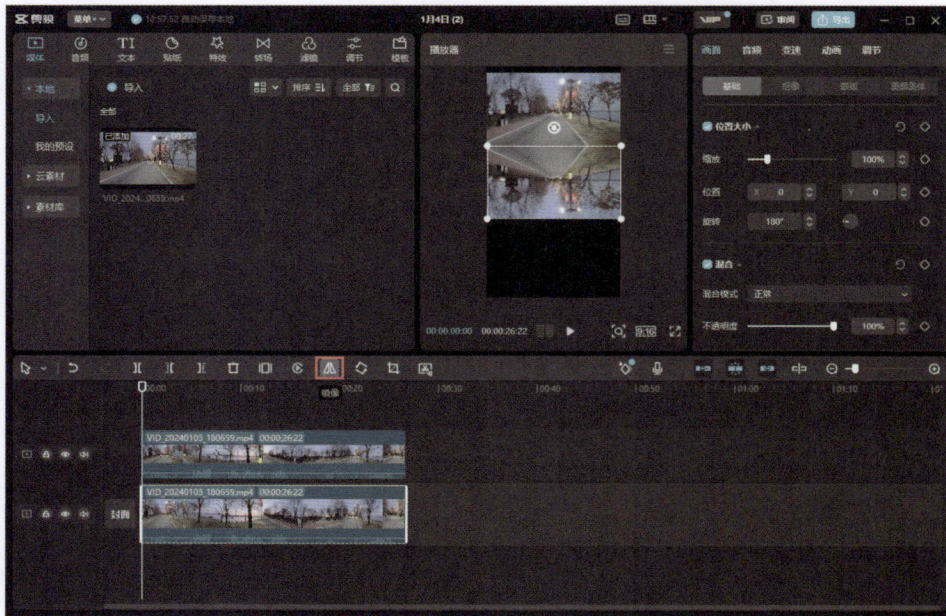

图　7.108

（6）完成所有操作后，将制作出城市空间倒置效果，播放预览视频，效果如图 7.109 所示。

图　7.109

7.4.7　视频美颜效果

用户在进行后期视频处理时，如果想对入镜对象的面部进行一些美化处理，可以使用剪映的美颜功能对人物面部进行磨皮和瘦脸处理，让人物镜头魅力实现最大化，下面介绍具体的操作方法。

（1）在剪映中导入一段有人物的视频素材并添加到时间轴中，在时间轴中单击素材缩览图，选中素材，如图 7.110 所示。

视频

图　7.110

（2）在素材调整区域中向下滑动，找到美颜选项，并滑动磨皮滑块，将数值调整至
50；滑动瘦脸滑块，将数值调整至 60，如图 7.111 所示。

图　7.111

（3）完成所有操作后，人物美颜前后效果对比如图 7.112 所示。

图　7.112

7.4.8 视频变速效果

在剪映中，视频素材的播放速度是可以进行调节的，通过调节可以将视频片段的速度加快或减慢，下面介绍具体的操作方法。

（1）在剪映中导入一段骑车视频素材并添加到时间轴中，在时间轴中选中素材；在素材调整区域中单击"变速"按钮，选择"曲线变速"选项中的自定义选项，如图 7.113 所示。

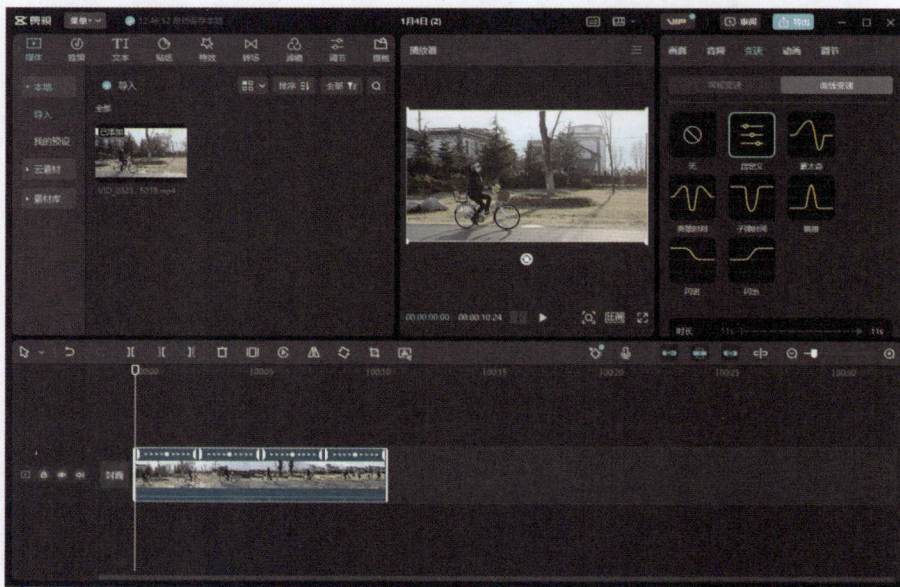

图 7.113

（2）在素材调整区域中向下滑动，在自定义设置列表中分别把 2、3、4 三个点以阶梯的样式拉高，如图 7.114 所示。

（3）将时间线拖曳至尾端，单击"添加点"按钮，如图 7.115 所示。

（4）移动新添加的点使其与第 4 个点保持平齐，如图 7.116 所示。

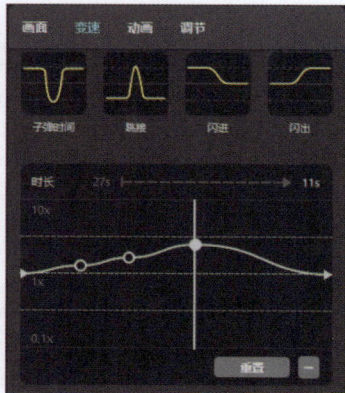
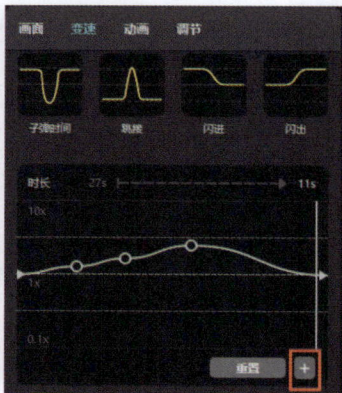
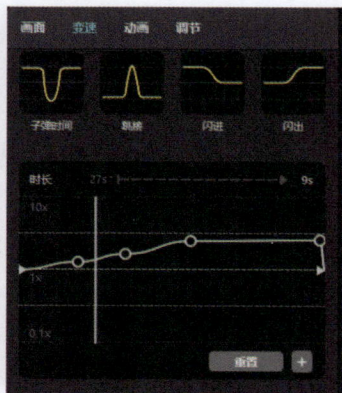

图 7.114   图 7.115   图 7.116

（5）完成上述操作后，便可制作出极具冲击感的骑车加速效果，如图 7.117 所示。

图　7.117

7.4.9　用关键帧模拟运镜效果

剪映的关键帧功能，可以让一些原本不会移动的、非动态的元素在画面中动起来，或者让一些后期增加的效果随时间改变，下面将介绍使用关键帧模拟运镜效果的具体操作。

（1）在剪映中导入一段视频素材并将其添加至时间轴中，将时间线移动至素材 16 帧处，在素材调整区域，单击"缩放"选项旁边的按钮，为视频添加一个关键帧，如图 7.118 所示。

图　7.118

（2）将时间线移动至视频开始的位置，在播放器中将视频画面放大，此时剪映会自动在时间线所在位置再创建一个关键帧，如图 7.119 所示。

（3）选中视频素材，单击鼠标右键，在界面浮现的对话框中单击"复制"按钮，如图 7.120 所示。

（4）在时间轴中单击鼠标右键，在界面浮现的对话框中单击"粘贴"按钮，此时时间轴中新增一个一模一样的视频素材，如图 7.121 所示。

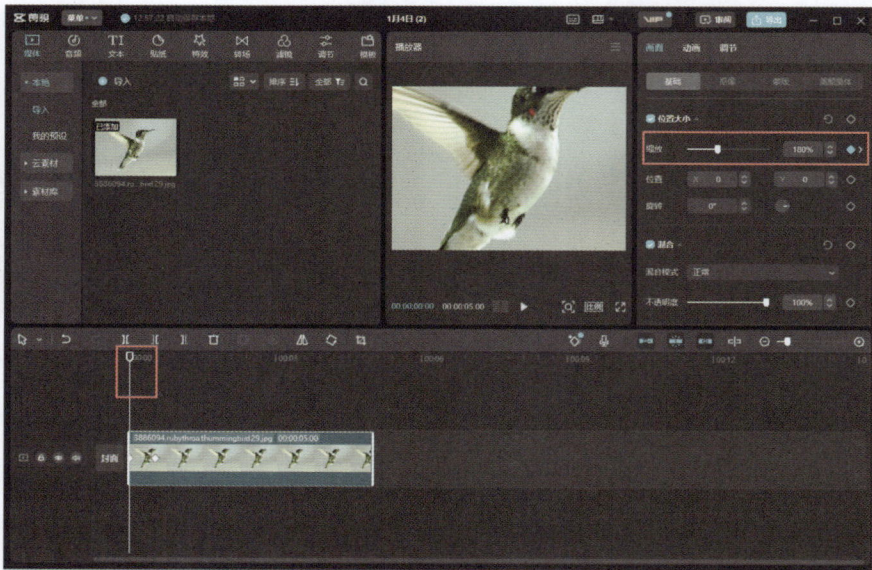

图 7.119

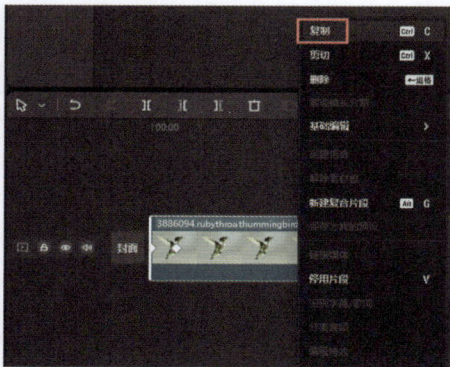

图 7.120

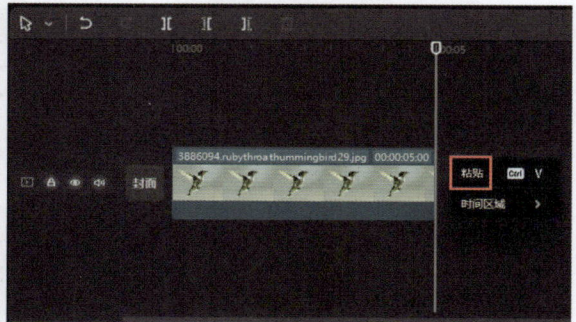

图 7.121

（5）重复步骤（4）的操作，在时间轴中共复制 3 个视频素材，如图 7.122 所示。

（6）按住鼠标左键，将复制的视频素材从画中画轨道移动到下面的原始轨道中，如图 7.123 所示。

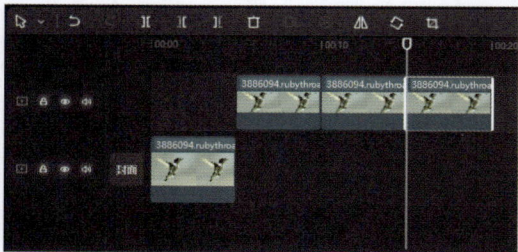

图 7.122

图 7.123

（7）选中第 2 段视频素材，单击鼠标右键，在界面浮现的对话框中单击"替换片段"按钮，如图 7.124 所示。

（8）在打开的"请选择媒体资源"对话框中，选择需要使用的素材，选择完成后单击"打开"按钮，如图 7.125 所示。

（9）在界面弹出的"替换"对话框中，单击"替换片段"按钮，选中的素材片段便会被替换成新的视频片段，如图 7.126 所示。

（10）参照步骤（7）至步骤（9）的操作，将余下 3 段素材替换为不同的视频素材，如图 7.127 所示。

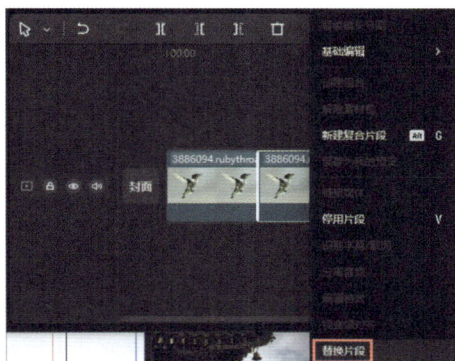

图　7.124

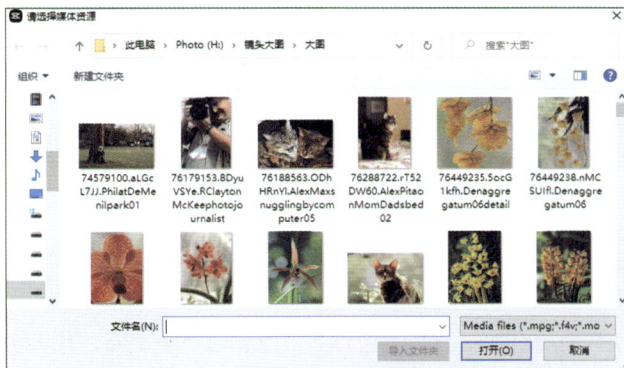

图　7.125

图　7.126

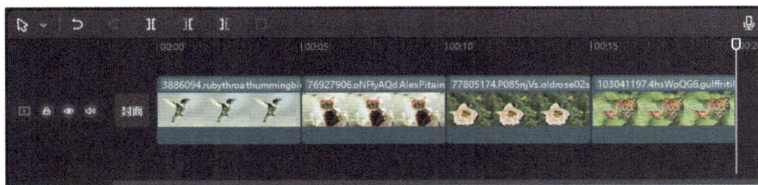

图　7.127

（11）完成所有操作后，播放预览视频，效果如图 7.128 所示。

图　7.128

第 8 章

短视频的音频剪辑

音频是短视频中非常重要的内容元素，一段好的背景音乐或者语音旁白，既能够烘托视频主题，又能渲染观众情绪，是视频不可分割的一部分。剪映为用户提供了较为完备的音频处理功能，支持用户使用各种方式导入音频，也支持用户对音频素材进行剪辑、音频淡化处理、变声和变速处理等。

8.1　添加音频

在剪映中，用户不仅可以自由地调用音乐素材库中不同类型的音乐素材，还可以添加抖音收藏中的音乐，或者提取本地视频中的音乐，本节将介绍从不同渠道为视频添加音频的方式。

8.1.1　添加背景音乐

视频

剪映专业版中具有非常丰富的背景音乐曲库，而且进行了十分细致的分类，用户可以根据自己的视频内容或主题来快速选择合适的背景音乐。下面介绍给视频添加背景音乐的具体操作方法。

（1）在剪映中导入视频素材并将其添加到时间轴中，单击"关闭原声"按钮 🔊 将原声关闭，如图 8.1 所示。

图　8.1

（2）单击"音频"按钮 $\textcircled{d}$ ，切换至"音频"功能区；单击"音乐素材"按钮，切换至"音乐素材"选项栏，如图 8.2 所示。

（3）选择相应的音乐类型，如"旅行"，在音乐列表中选择合适的背景音乐，即可进行试听，如图 8.3 所示。

图　8.2

图　8.3

（4）单击该"音乐"选项中的"添加"按钮 $+$ ，即可将其添加到时间轴里的音频轨道中，如图 8.4 所示。

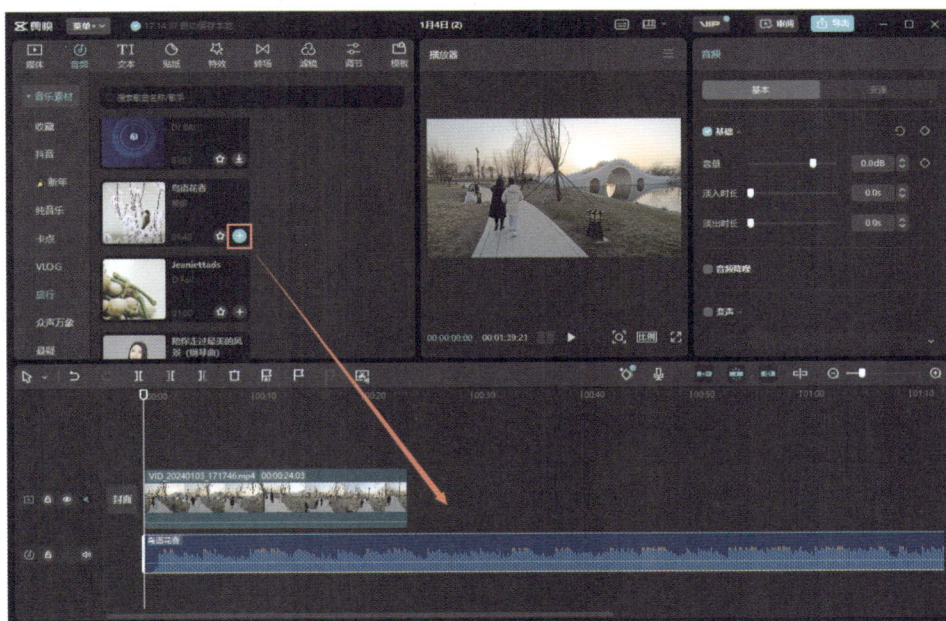

图　8.4

用户如果看到喜欢的音乐，也可以单击图标 $\bigstar$ ，将其收藏起来，下次剪辑视频时可以在"收藏"列表中快速选择该背景音乐。

（5）将时间线拖曳至视频结尾处，单击"分割"按钮，如图 8.5 所示。

图 8.5

（6）选择分割后的多余音频片段，单击"删除"按钮，如图 8.6 所示。

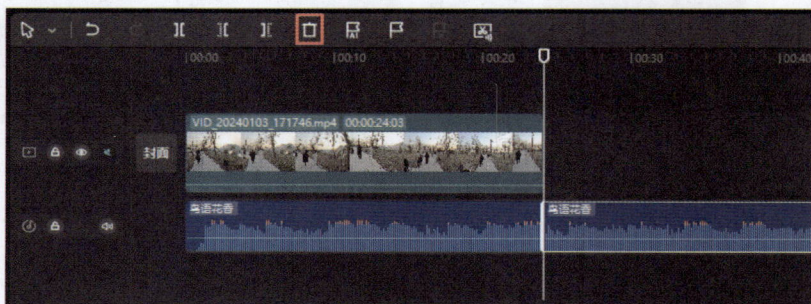

图 8.6

（7）执行操作后，即可删除多余的音频素材，播放预览视频，效果如图 8.7 所示。

图 8.7

8.1.2　给视频添加背景音效

剪映中提供了很多有趣的背景音效，用户可以根据短视频的内容来添加合适的音效，如综艺、笑声、人声、魔法、美食、动物等类型。下面介绍给视频添加背景音效的具体操

视频

作方法。

（1）在剪映中导入视频素材并将其添加到视频轨道中，单击"音频"按钮🎵，如图 8.8 所示。

图　8.8

（2）切换至"音频"功能区，单击"音效素材"按钮，切换至音效素材选项栏，如图 8.9 所示。

（3）在搜索框输入"下雨"，在音效列表中选中音效即可进行试听，如图 8.10 所示。

图　8.9

图　8.10

（4）单击该"音效"选项中的添加按钮➕，即可将其添加至时间轴里的音频轨道中，如图 8.11 所示。

（5）将时间线拖曳至视频结尾处，单击"分割"按钮，如图 8.12 所示。

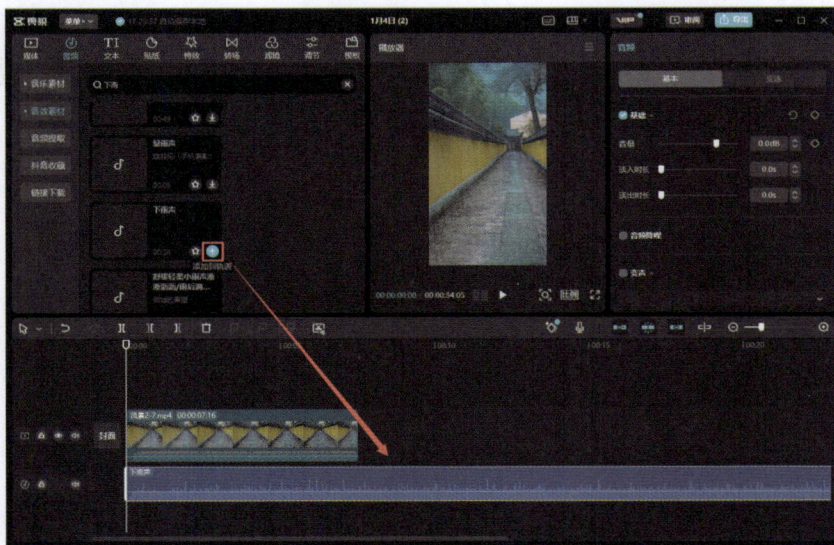

图 8.11

（6）选择分割后的多余音效片段，单击"删除"按钮 🗑，如图 8.13 所示。

图 8.12

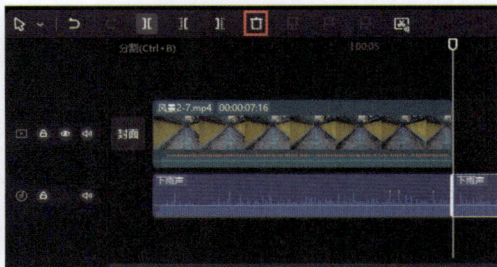

图 8.13

（7）执行操作后，即可删除多余的音效片段，播放预览视频效果，添加音效后可以让画面更有感染力，如图 8.14 所示。

8.1.3 提取视频的背景音乐

如果用户看到其他背景音乐好听的视频，可以将其保存到计算机中，并通过剪映来提取视频中的背景音乐，将其用到自己的视频中。下面介绍从视频文件中提取背景音乐的具体操作方法。

（1）在剪映中导入视频素材并将其添加到时间轴中，单击"音频"按钮 🎵，如图 8.15 所示。

（2）切换至"音频"功能区中的"音频提取"选项，单击"导入"按钮 ➕，如图 8.16 所示。

视频

图 8.14

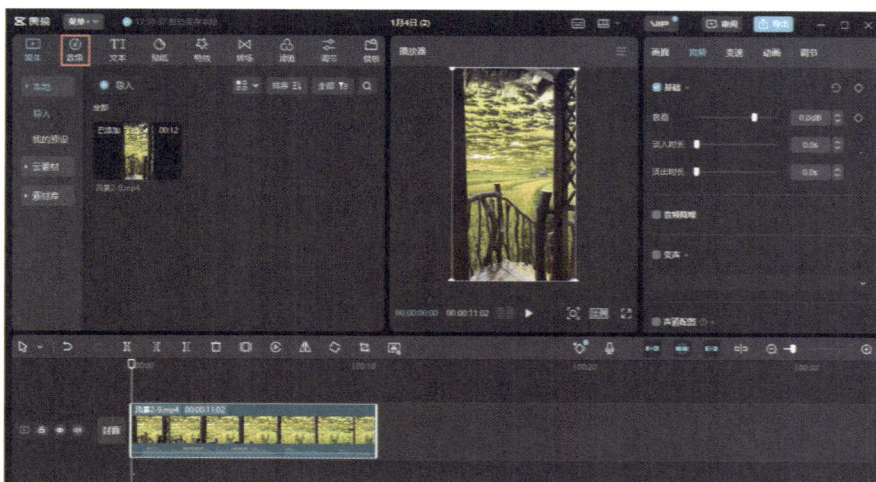

图 8.15

（3）在弹出的窗口中选择相应的视频素材，单击"打开"按钮，如图8.17所示。

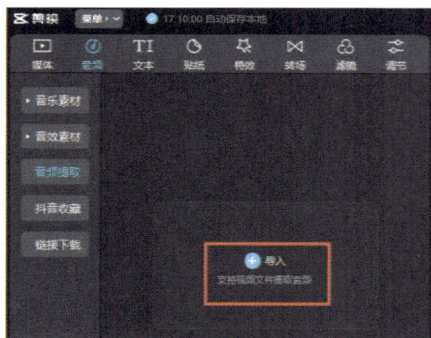

图 8.16

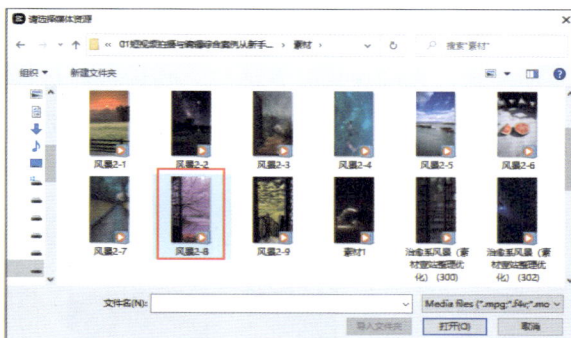

图 8.17

（4）执行操作后，即可导入音频素材，单击添加按钮 ➕ ，如图8.18所示。

（5）执行操作后，即可将提取的音频添加至音频轨道上，如图8.19所示。

图 8.18

图 8.19

（6）调整音频素材的持续时长，使其长度和视频素材保持一致，如图8.20所示。

（7）播放预览视频，本地视频中的音乐已被添加至视频项目中，如图 8.21 所示。

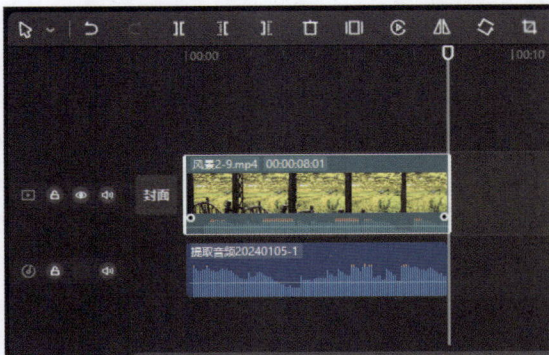

图　8.20　　　　　　　　　　　　　　　　　　　图　8.21

在制作本书的视频案例时，读者也可以采用从提供的效果视频文件中直接提取音乐的方法，来快速给视频添加背景音乐。

8.1.4　使用抖音收藏的音乐

剪映和抖音的账号是互通的，当用户在抖音中听到喜欢的视频背景音乐时，可以先收藏起来，然后在剪映专业版中登录相同的抖音账号，即可将收藏的背景音乐同步到剪映中，下面介绍具体的操作方法。

（1）打开抖音 App 进入视频播放界面，单击界面右下角的 CD 形状的按钮，进入拍同款界面；单击"收藏原声"按钮☆，即可收藏该背景音乐，如图 8.22 所示。

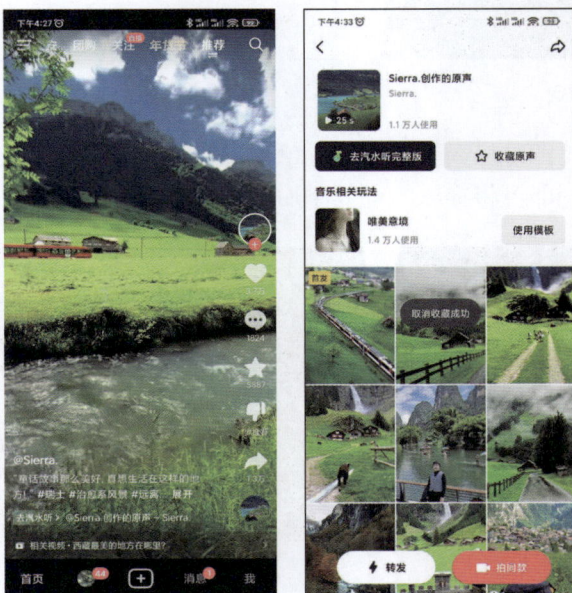

图　8.22

（2）启动剪映专业版软件，登录抖音账号，在剪映中导入视频素材并将其添加至视频轨道中，单击"音频"按钮 🎵，如图 8.23 所示。

（3）切换至"音频"功能区中的"抖音收藏"选项，选择相应的背景音乐，如图 8.24 所示。

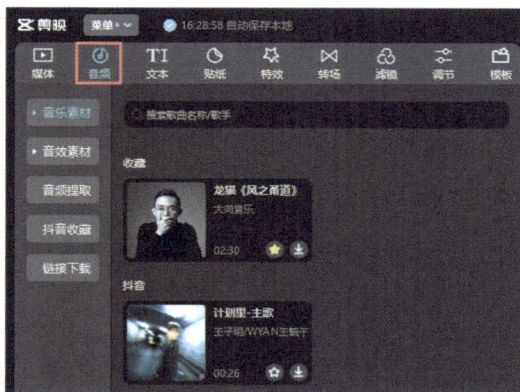

图　8.23

图　8.24

（4）试听所选音乐，单击添加按钮 ＋，如图 8.25 所示。

（5）执行操作后，即可将其添加至时间轴里的音频轨道中，如图 8.26 所示。

图　8.25

图　8.26

（6）将时间线拖曳至音频的副歌部分，单击"分割"按钮，如图 8.27 所示；选中分割后的前半段音频素材，单击"删除"按钮，如图 8.28 所示。

（7）将时间线拖曳至视频结尾处，单击"分割"按钮，如图 8.29 所示；选择分割后的多余的音频素材，单击"删除"按钮，如图 8.30 所示。

（8）播放预览视频，即可将抖音收藏中的音乐作为自己视频的背景音乐，如图 8.31 所示。

如果想在剪映中将"抖音收藏"中的音乐素材删除，只需要在抖音中取消该音乐的收藏即可。

图 8.27

图 8.28

图 8.29

图 8.30

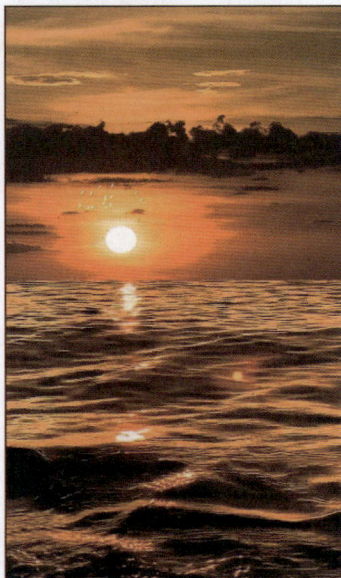

图 8.31

8.2 音频处理

剪映为用户提供了较为完备的音频处理功能，支持用户在剪辑项目中对音频素材进行淡化、变声、变调和变速等处理。

8.2.1 对音频进行淡化处理

设置音频淡入淡出效果后，可以让短视频的背景音乐显得不那么突兀，给观众带来更加舒适的视听感。下面介绍设置音频淡入淡出效果的具体操作方法。

（1）在剪映中导入视频素材并将其添加到视频轨道中，单击"音频"按钮 ，打开曲库，添加一首合适的背景音乐，如图 8.32 所示。

（2）在时间轴中，对视频素材进行适当剪辑，使其长度与音乐素材的长度保持一致，如图 8.33 所示。

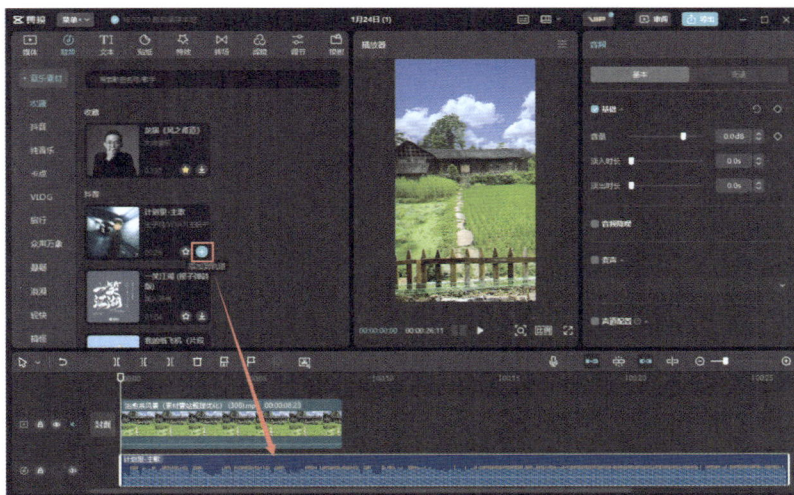

图　8.32

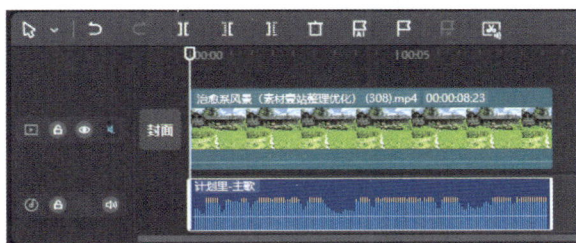

图　8.33

（3）选中音频轨道,在素材调整区域中,设置"淡入时长"为 0.6s、"淡出时长"为 1.0s,如图 8.34 所示。

图　8.34

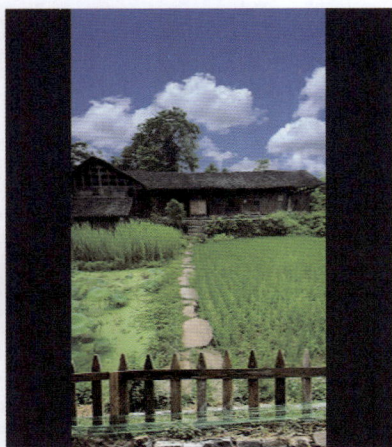

图 8.35

（4）执行操作后，即可设置背景音乐的淡入淡出效果，播放预览视频，如图 8.35 所示。

淡入是指背景音乐开始响起时，声音音量会缓缓变大；淡出是指背景音乐即将结束时，声音音量会渐渐消失。

8.2.2 对音频进行变声处理

在处理短视频的音频素材时，用户可以给其增加一些变声的特效，让声音效果变得更加有趣。下面介绍对音频进行变声处理的具体操作方法。

（1）打开剪映的视频编辑界面，单击"素材库"按钮，打开素材库选项栏，从中选择一段女孩唱歌的视频素材，将其添加至时间轴中，如图 8.36 所示。

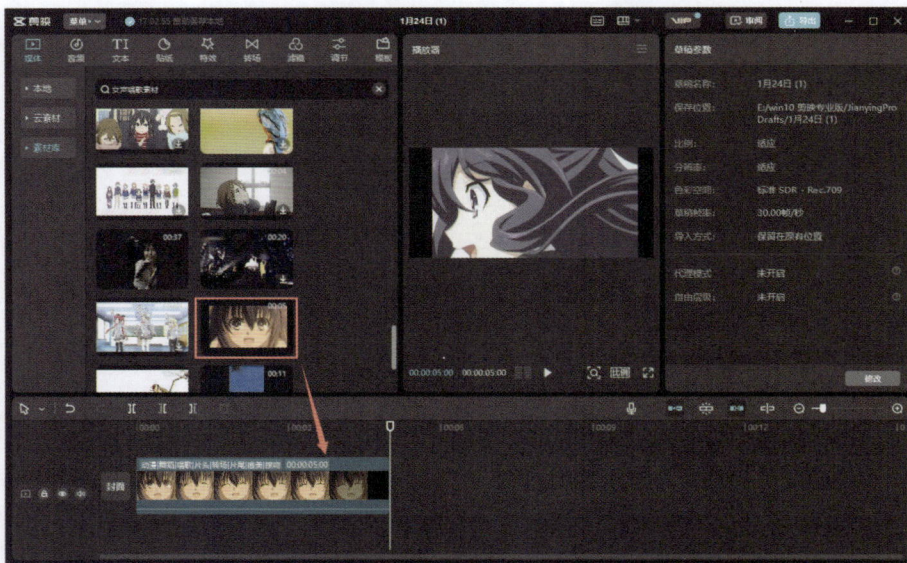

图 8.36

（2）单击"音频"按钮，从中选择一首合适的音乐添加至时间轴中，在素材调整区域中勾选"变声"复选框，在变声选项的下拉列表中选择"机器人"选项，如图 8.37 所示。

（3）将时间线拖曳至视频结尾处，选中音频素材，单击"分割"按钮，将多余的音频片段删除，使音频素材的长度和视频素材的长度保持一致；在素材调整区域中，将"淡出时长"的数值设置为 1.0s，如图 8.38 所示。

（4）执行操作后，即可改变视频中的人声效果，播放预览视频，如图 8.39 所示。

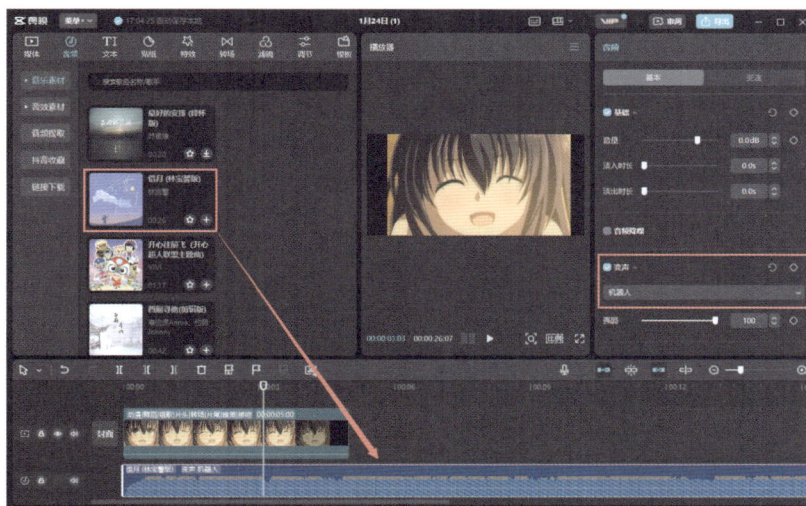

图　8.37

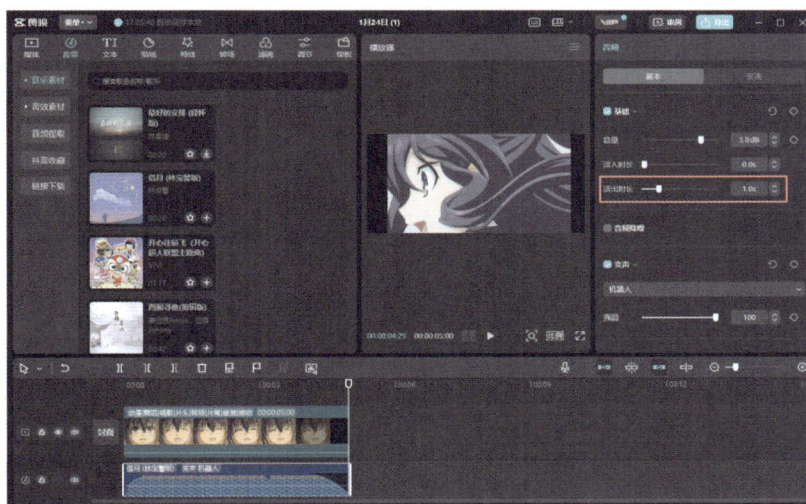

图　8.38

图　8.39

8.2.3 对音频进行变速处理

使用剪映可以对音频的播放速度进行减慢或加快等变速处理，从而制作出一些特殊的背景音乐效果。下面介绍对音频进行变速处理的具体操作方法。

（1）在剪映中导入视频素材并将其添加到视频轨道中，在音频轨道中添加一首合适的背景音乐，如图 8.40 所示。

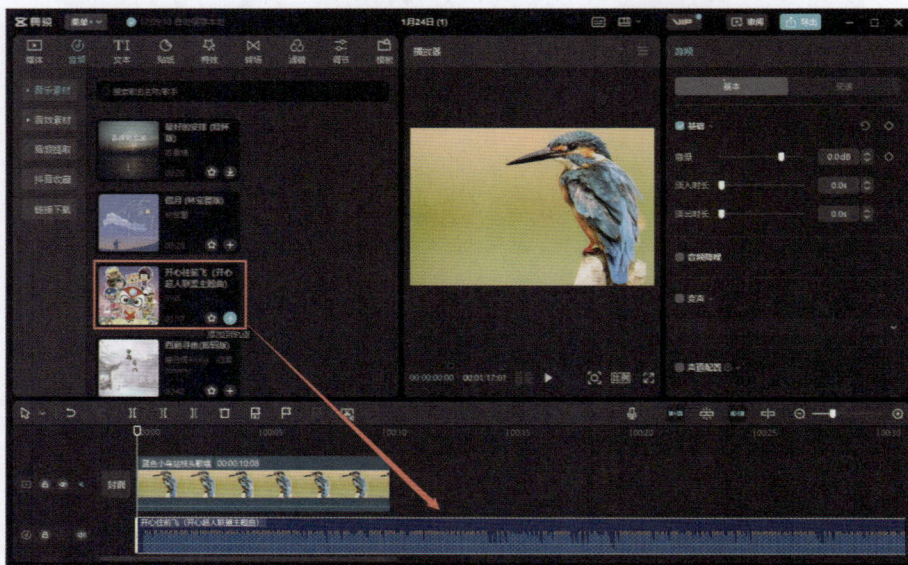

图 8.40

（2）选择音频轨道，在素材调整区域中切换至"变速"功能区，可以看到默认的"倍数"参数为 1.0x，如图 8.41 所示。

（3）向右拖曳滑块，将"倍数"调整为 2.0x，如图 8.42 所示。

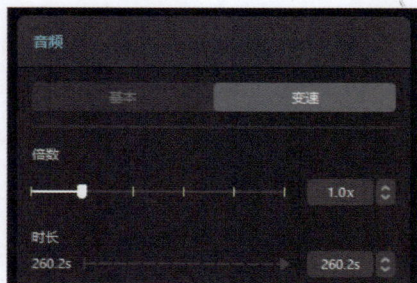

图 8.41

图 8.42

（4）在时间轴中，调整音频素材的持续时长，使其长度和视频素材保持一致，如图 8.43 所示。

图　8.43

（5）执行操作后，播放预览视频，背景音乐会以 2 倍速播放，整体时长缩短，如图 8.44 所示。

图　8.44

如果用户想制作一些有趣的短视频作品，如使用不同播放速率的背景音乐，来体现视频剧情的紧凑或舒缓，此时就需要对音频进行变速处理。

8.2.4　对音频进行变调处理

使用剪映的声音变调功能可以实现不同声音的效果，如奇怪的快速说话声、男女声音的调整互换等。下面介绍对音频进行变调处理的具体操作方法。

（1）在剪映中打开一个包含语音的视频草稿素材，如图 8.45 所示。

视频

图 8.45

（2）选择音频轨道，在"变速"功能区中将变速倍数设置为 1.6x，并选中"声音变调"复选框，如图 8.46 所示。

（3）执行操作后，即可制作出一种尖锐的快进声音语调效果，播放预览视频，效果如图 8.47 所示。

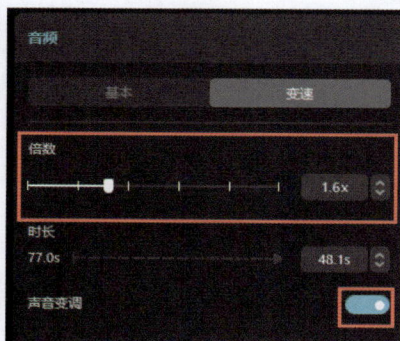

图 8.46

图 8.47

第 **9** 章

给短视频添加字幕

为了让视频的信息更丰富，重点更突出，很多视频都会添加一些文字，如视频的标题、字幕、关键词、歌词等。除此之外，为文字增加一些贴纸或动画效果，并将其安排在恰当位置，还能令视频画面更具美感。本章将专门针对剪映中与文字相关的功能进行讲解，让读者能制作出图文并茂的视频。

9.1　创建基本字幕

剪映有多种添加字幕的方法，用户可以手动输入，也可以使用识别功能自动添加，还可以使用朗读功能实现字幕和音频的转换。

9.1.1　在视频中添加文字内容

视频

在剪映中可以输入和设置精彩纷呈的字幕效果，用户可以自由设置文字的字体、颜色、描边、边框、阴影和排列方式等属性，制作出不同样式的文字效果。下面介绍在视频中添加文字内容的具体操作方法。

（1）在剪映中导入视频素材并将其添加至时间轴中，单击"文本"按钮 ![TI]，如图 9.1 所示。

图　9.1

（2）将时间线移动至视频中第一句歌词开始的位置，在"新建文本"选项中单击"默认文本"中的添加按钮，添加一个文本轨道，如图9.2所示。

图 9.2

（3）选中文本轨道，在文本编辑功能区的文本框中根据音频输入相应的文字，将字体设置为"后现代体"，将字号数值设置为5，如图9.3所示。

图 9.3

（4）将"字间距"的数值设置为2，在播放器的显示区域将字幕素材移动至画面最下方的中间位置，单击"保存预设"按钮，如图9.4所示。

（5）将时间线移动至视频中第二句歌词开始的位置，在"新建文本"选项中单击"预设文本1"中的添加按钮，添加一个文本轨道，在文本编辑功能区的文本框中根据音频输入相应的文字，如图9.5所示。

图　9.4

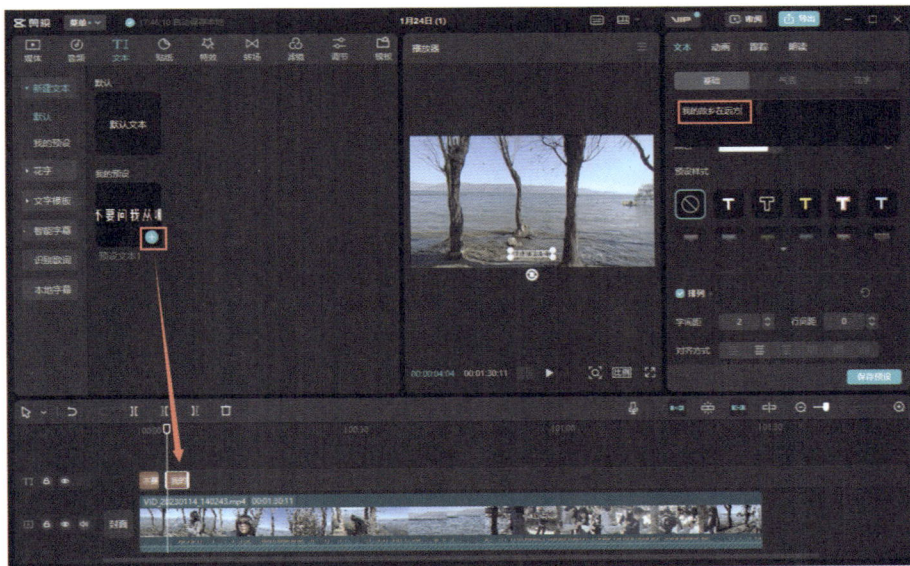

图　9.5

（6）参照步骤（5）的操作方法为视频添加其他歌词的字幕，如图 9.6 所示。

（7）根据音频中歌词的出现时间，在时间轴中调整好字幕的持续时长，如图 9.7 所示。

（8）播放预览视频，查看添加的字幕效果，如图 9.8 所示。

　在给视频添加字幕内容时，不仅要注意文字的准确性，还需要适当减少文字的数量，让观众获得更好的阅读体验。否则如果短视频中的文字太多，观众可能把视频都看完了，却还没有看清楚其中的文字内容。

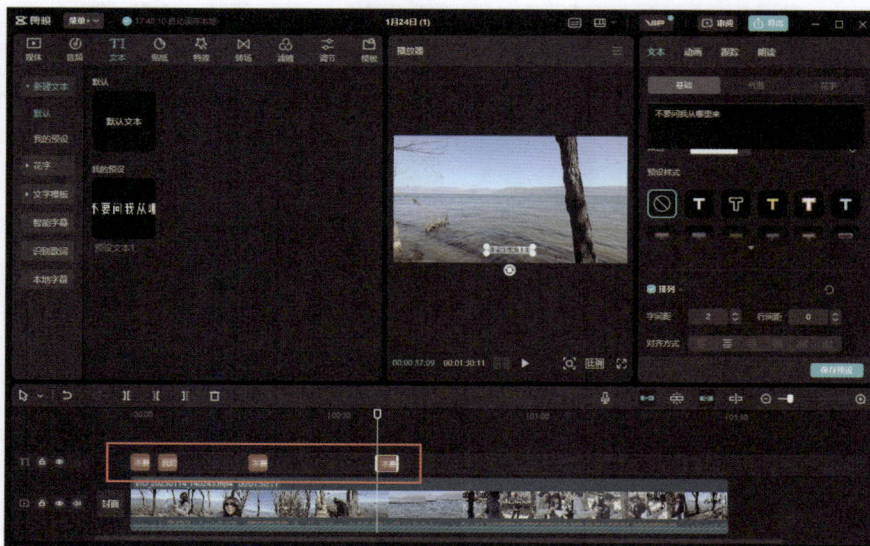

图　9.6

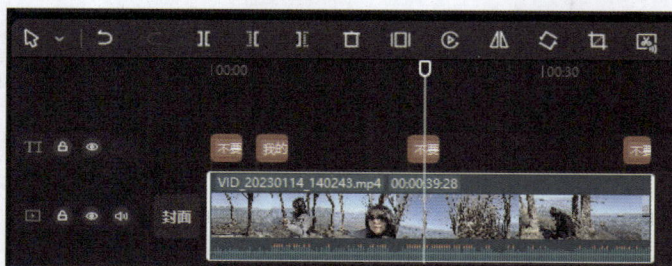

图　9.7

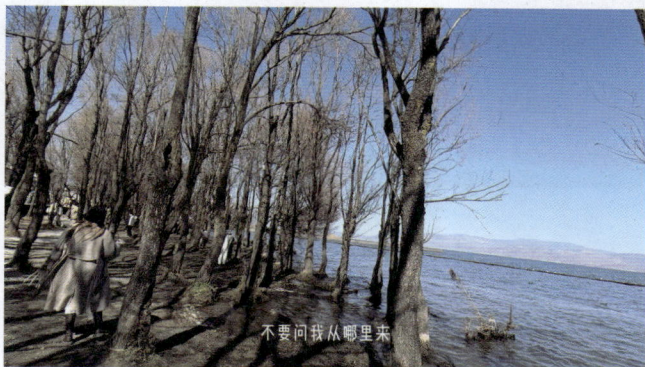

图　9.8

9.1.2　将文字自动转换为语音

剪映中的文本朗读功能能够自动将视频中的文字内容转换为语音，提升观众的观看体

视频

验。下面介绍将文字转换成语音的操作方法。

（1）在剪映中导入视频素材并将其添加至时间轴中，将时间线定位至视频的起始位置，在"新建文本"选项中单击"默认文本"中的添加按钮，添加一个文本轨道，如图 9.9 所示。

图　9.9

（2）在文本编辑功能区中输入相应的文字内容，将字体设置为"古印宋简"（也可以设置成自己喜爱的字体），将字号的数值设置为 15，如图 9.10 所示。

图　9.10

（3）在"预设样式"选项中选择图 9.11 中的样式，在播放器的显示区域中将文字素材移动至画面的最上方，单击"保存预设"按钮。

（4）将时间线移动至文字素材的尾端，在"新建文本"选项中单击"预设文本 2"中的添加按钮，添加一个文本轨道，在文本编辑功能区的文本框中输入相应的文字，如图 9.12 所示。

图 9.11

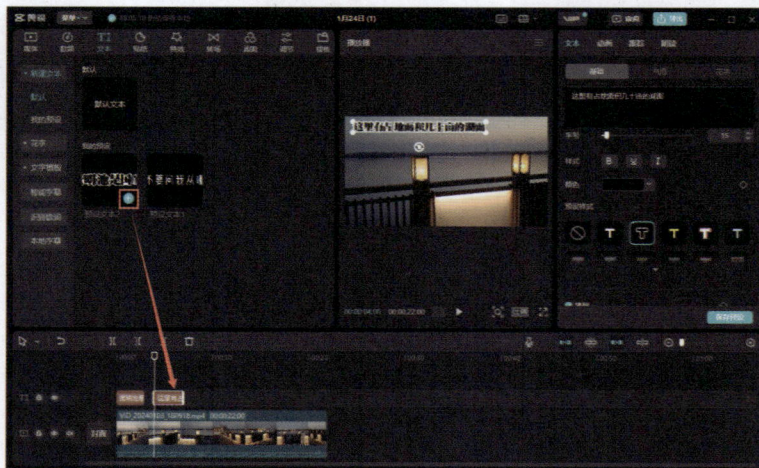

图 9.12

（5）参照步骤（4）的操作方法，为视频添加其他字幕，如图 9.13 所示。

（6）选择第 1 段字幕素材，单击"朗读"按钮，在朗读功能区中选择"甜美解说"选项，单击"开始朗读"按钮，如图 9.14 所示。

在制作教程类或 vlog 短视频时，文本朗读功能非常实用，可以帮助用户快速做出具有文字配音的视频效果。

（7）稍等片刻，即可将文字转换为语音，并自动在时间轴中生成与文字内容同步的音频轨道。

（8）框选其他文字片段，参照步骤（7）的操作方法，将其他文字转换为语音，并调整好文字素材的持续时长，使其和音频素材的长度保持一致，如图 9.15 所示。

（9）播放预览视频，查看制作的文字配音效果，如图 9.16 所示。

使用自动朗读功能为视频添加音频后，用户还可以在"音频编辑"功能区中调整音量、淡入淡出时长、变声和变速等选项，打造出更具个性化的配音效果。

图　9.13

图　9.14

图　9.15

图　9.16

9.1.3　快速识别视频中的字幕

剪映的识别字幕功能准确率非常高，能够帮助用户快速识别并添加与视频时间对应的字幕内容，提升视频的创作效率，下面介绍具体的操作方法。

（1）在剪映中导入视频素材，将其添加至时间轴中，如图 9.17 所示。

图　9.17

（2）单击"文本"按钮 **TI**，切换至"智能字幕"选项，单击"识别字幕"中的"开始识别"按钮，如图 9.18 所示。

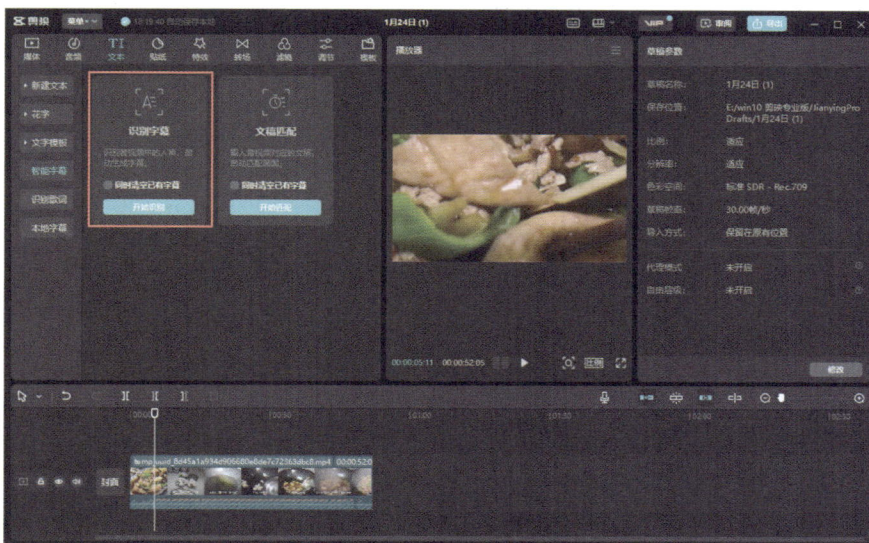

图　9.18

如果用户编辑的视频项目中本身就存在字幕轨道,在"识别字幕"选项中可以勾选"同时清空已有字幕"复选框,快速清除原来的字幕轨道。

（3）稍等片刻,即可生成对应的语音字幕,如图 9.19 所示。

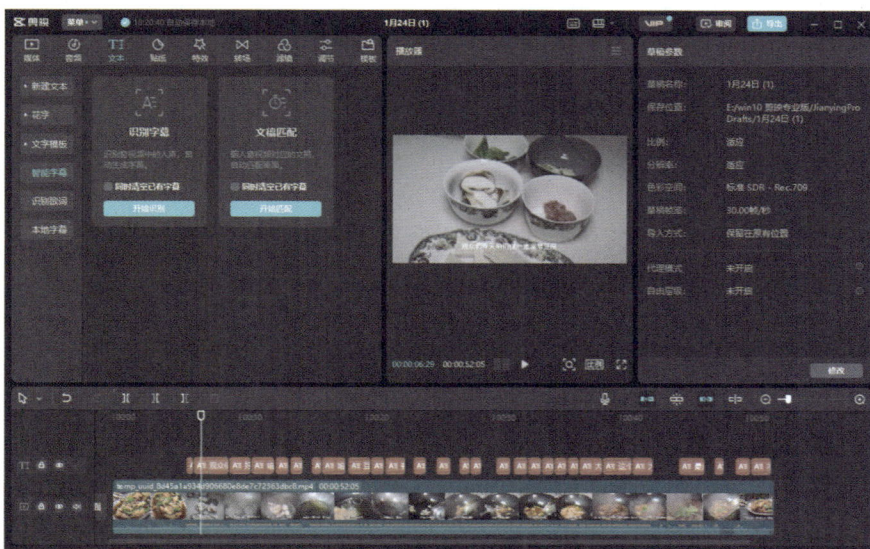

图　9.19

提示:生成文字素材后,用户可以对字幕进行单独或统一的样式修改,以呈现更加精彩的画面效果。

（4）选中任意一段字幕素材,将字体设置为"抖音美好体",并在播放器的显示区域调整好素材的大小和位置,如图 9.20 所示。

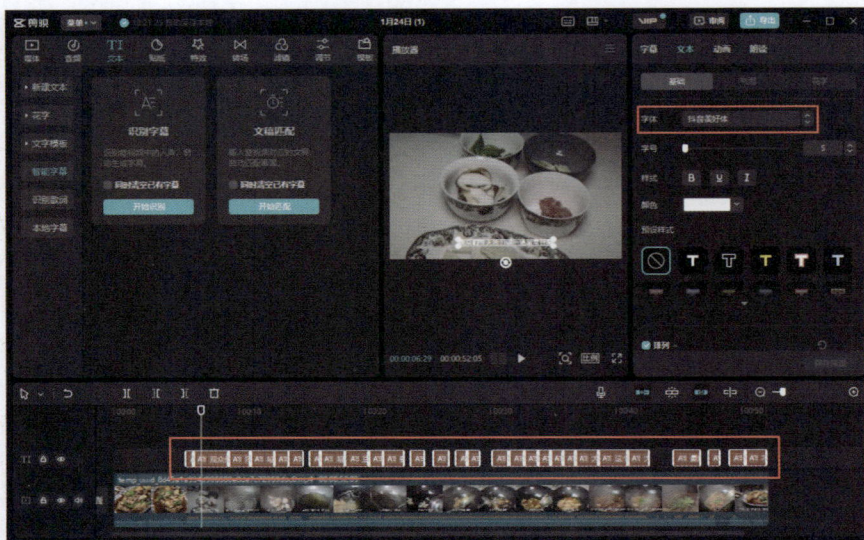

图 9.20

（5）选中"描边"复选框，设置描边颜色为黑色，粗细数值为 40，如图 9.21 所示。

（6）播放预览视频，查看制作的视频文字效果，如图 9.22 所示。

图 9.21

图 9.22

在识别人物台词时，如果人物说话的声音太小或者语速过快，就会影响字幕自动识别的准确性，因此在完成字幕的自动识别工作后，一定要检查一遍，及时对错误的文字内容进行修改。

9.2 添加字幕效果

多使用字幕特效，更能够吸引观众的眼球，让观众更加清晰地了解视频所要讲述的内容。本节将介绍 4 种字幕效果的制作方法，帮助读者快速掌握字幕的使用技巧。

9.2.1 制作片尾滚动字幕

片尾滚动字幕主要是利用剪映的文本动画和混合模式的滤色功能，同时结合剪映素材库中的黑场素材制作而成，具体操作方法如下。

（1）打开剪映的视频编辑界面，单击"素材库"，从中选择一段具有简单背景的视频素材，将其添加至时间轴中；在时间线的起始位置处添加一个文本轨道，并输入相应的文字内容，调整好文字素材的持续时长，使其长度与视频素材的长度保持一致，如图 9.23 所示。

图　9.23

（2）在文本编辑功能区中，将字号的数值设置为 13、字间距的数值设置为 3、行间距的数值设置为 10，如图 9.24 和图 9.25 所示。

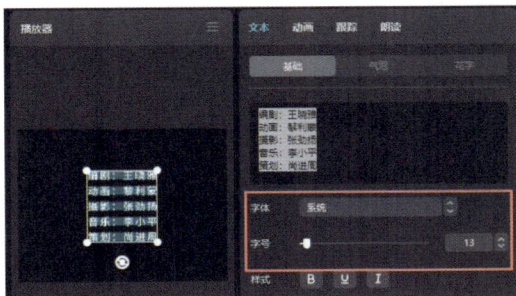

图　9.24

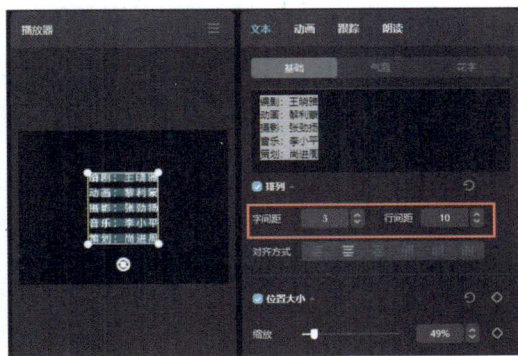

图　9.25

（3）在播放器的显示区域将字幕素材移动至画面的右侧，如图 9.26 所示。

（4）单击"动画"按钮，在"循环"动画选项中选择"字幕滚动"效果，调整"动画时长"为 5.0s，如图 9.27 所示。

入场动画和出场动画可以设置动画时长，但循环动画无须设置动画时长，用户只要添加循环动画中任意一种动画效果，就会自动应用到所选的全部片段中；同时，用户可以通过调整循环动画的快慢，来改变动画播放效果。

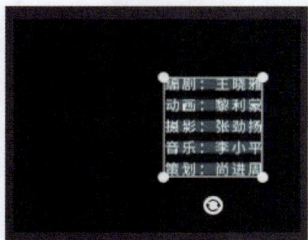

图 9.26

图 9.27

9.2.2 在视频中添加花字效果

剪映中内置了很多花字模板，可以帮助用户一键制作出各种精彩的艺术字效果，下面介绍具体的操作办法。

（1）在剪映中导入素材并将其添加到时间轴中，单击"文本"按钮 **TI**，在"花字"选项中选择一款合适的花字模板，将其添加至时间轴中，如图 9.28 所示。

图 9.28

（2）在时间轴中选中花字素材，在文字编辑功能区的文本框中输入相应的文字，如图 9.29 所示。

（3）在时间轴中调整好花字素材的持续时长，并在播放器的显示区域中调整好花字素材的大小和位置，如图 9.30 所示。

视频

图　9.29

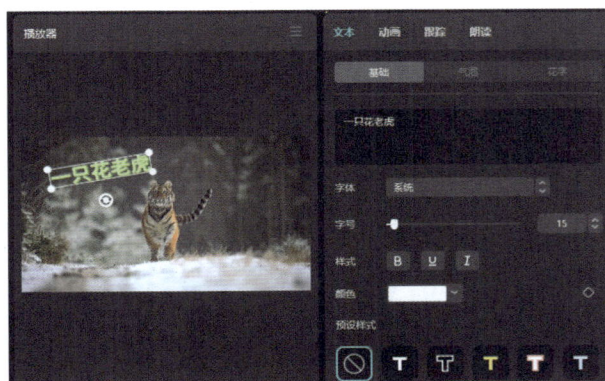

图　9.30

（4）参照步骤（3）的操作方法，为视频添加其他花字内容，如图 9.31 所示。

图　9.31

（5）播放预览视频，查看制作的花字效果，如图 9.32 所示。

图　9.32

9.2.3　制作古风文字效果

剪映中提供了丰富的气泡文字模板，能够帮助用户快速制作出精美的文字效果，下面介绍具体的操作方法。

（1）在剪映中导入视频素材并将其添加至时间轴中，如图 9.33 所示。

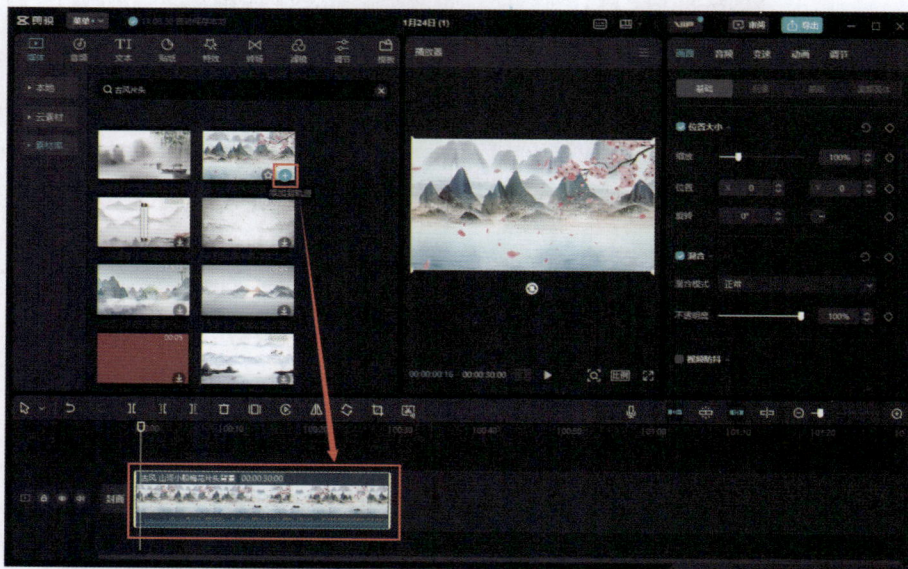

图　9.33

（2）单击"文本"按钮 ，在视频的某时间点输入一句诗句（李白乘舟将欲行），如图 9.34 所示。

（3）选中文字片段，将时间线定位至诗词的中间位置，单击"分割"按钮 ，选中分割出来的前半段诗词素材，在文本编辑区域的文本框中将诗词的后五个字删除，如图 9.35 所示。

（4）选中分割出来的后半段诗词素材，在文本编辑区域中将诗词的前两个字删除，如图 9.36 所示。

图　9.34

图　9.35

图　9.36

（5）选中前两个字的文字片段，将字体设置为"古风小楷"，将字号的数值设置为15。在"预设样式"选项中选择"黑底白边"的样式，如图9.37所示。

图 9.37

（6）切换至"文本"功能区的"气泡"选项，选择合适的气泡模板；在播放器的显示区域中调整好文字素材的大小和位置，并在时间轴中调整好文字素材的持续时间。单击"保存预设"按钮，将该文字效果保存为预设，如图9.38所示。

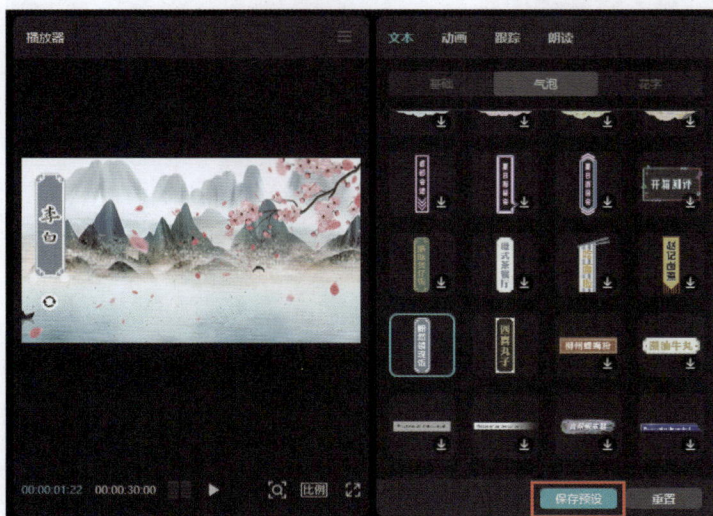

图 9.38

（7）选中后五个字的文字素材，设置字体效果。切换至"动画"功能区中的"入场"动画选项，选择"弹性伸缩"选项，调整"动画时长"为2.0s。单击"保存预设"按钮，将该文字效果保存为预设，如图9.39所示。

图　9.39

（8）将前两个字的文字片段拖动到上一个轨道并拉长时长，与后五个字的文字片段结尾对齐，如图 9.40 所示。

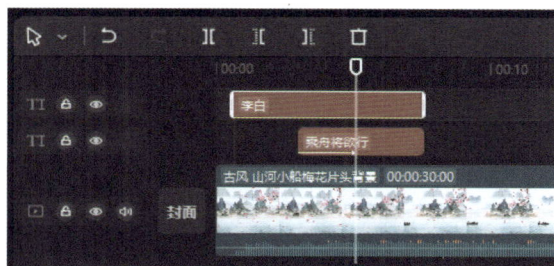

图　9.40

（9）用相同的方法制作另外三句诗的文字效果（忽闻岸上踏歌声，桃花潭水深千尺，不及汪伦送我情），如图 9.41 所示。

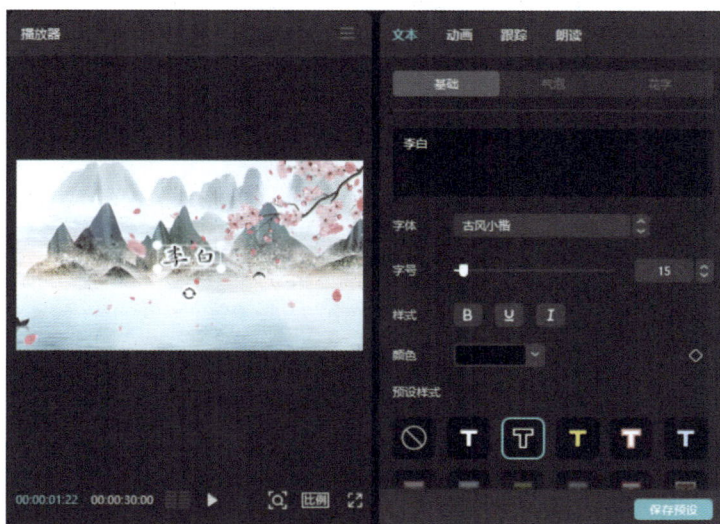

图　9.41

注意：动画是不能存为预设的，要重新设置。

（10）播放预览视频，查看制作的古风文字效果，如图 9.42 所示。

图　9.42

9.2.4　添加贴纸字幕

剪映能够直接给短视频添加字幕贴纸效果，让短视频画面更加精彩有趣，更吸引大家的目光，下面介绍具体的操作方法。

（1）在剪映中导入素材并将其添加到视频轨道中，单击"文本"按钮 **TI**，在"花字"选项中选择一款合适的花字模板，将其添加至时间轴中，在文字编辑功能区的文本框中输入相应的文字，如图 9.43 所示。

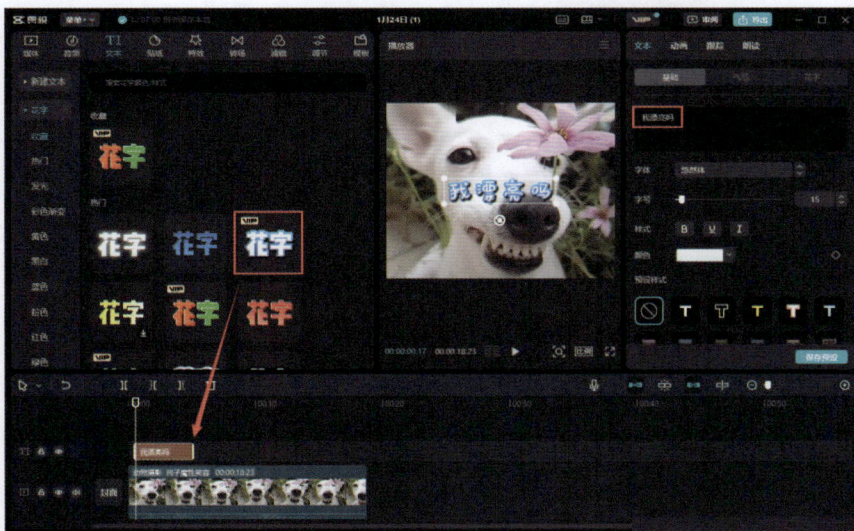

图　9.43

（2）单击"贴纸"按钮 ⬤，在贴纸选项中选择或在搜索栏中搜索相应的贴纸，将其添加至时间轴中。在播放器的显示区域中调整好文字素材和贴纸素材的大小和位置，并在时间轴中调整好素材的持续时间，如图 9.44 所示。

（3）参照步骤（1）和步骤（2）的操作方法，根据视频的画面内容为视频添加其他贴纸字幕，如图 9.45 所示。

图　9.44

图　9.45

（4）播放预览视频，查看制作的贴纸字幕效果，如图 9.46 所示。

图　9.46

使用剪映的贴纸功能，不需要用户掌握很高超的后期剪辑操作技巧，只需要用户具备丰富的想象力，同时选择贴纸组合，以及对各种贴纸的大小、位置和动画效果等进行适当调整，即可瞬间给普通的视频增添更多生机。

9.3　制作创意字幕效果

用户在刷抖音时，常常可以看见一些极具创意的字幕效果，如文字消散效果、片头镂空文字等，这些创意字幕可以非常有效地吸引用户眼球，引发用户关注和点赞，下面介绍一些常用的创意字幕的制作方法。

9.3.1　制作文字消散效果

文字消散效果的制作主要使用粒子素材和剪映的文本动画以及滤色功能，下面介绍具体的操作方法。

（1）在剪映中导入视频素材并将其添加到视频轨道中，在时间线的起始位置处添加一个文本轨道，输入相应的文字内容，如图 9.47 所示。

图　9.47

（2）在文本编辑功能区中设置字体和字号，让文字充满画面正中，如图 9.48 所示。

（3）切换至文本动画功能区中的"入场"动画选项，选择"溶解"选项，调整"动画时长"为 2.0s，如图 9.49 所示。

（4）在剪映中导入粒子视频素材，将其添加至时间轴中，并拖曳至画中画轨道，移动至视频中文字即将溶解的位置，如图 9.50 所示。

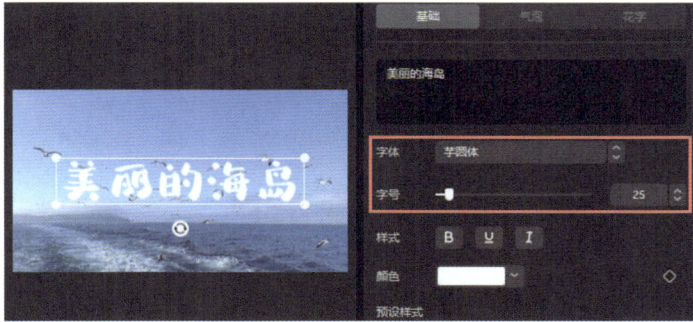

图 9.48

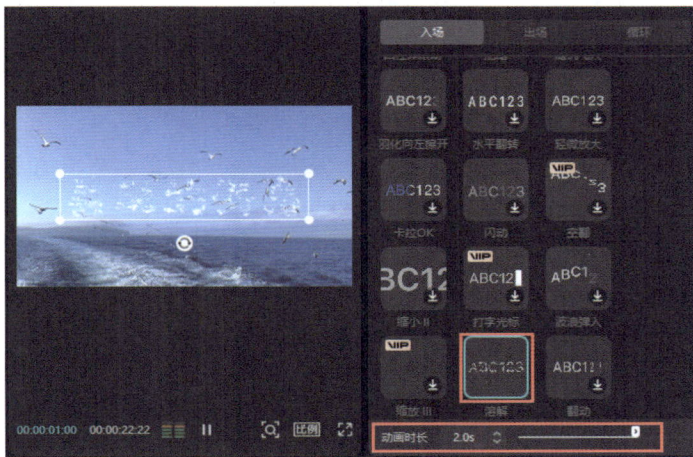

图 9.49

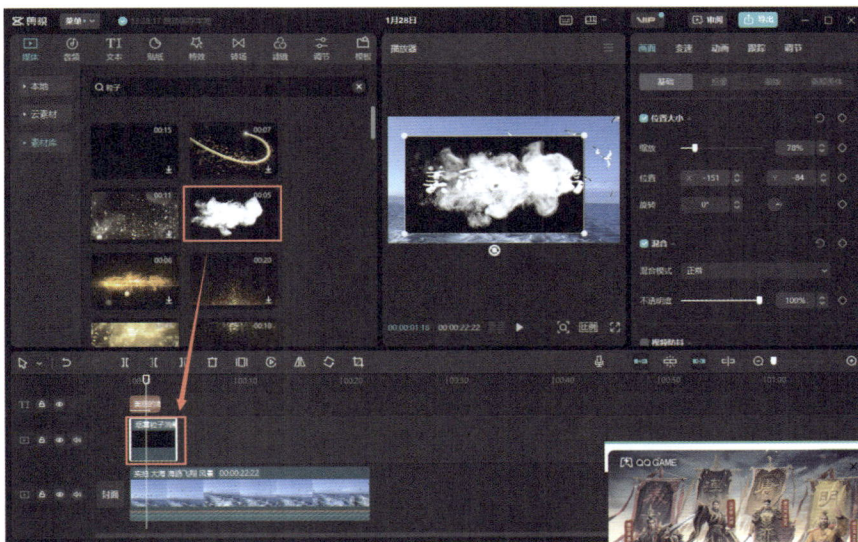

图 9.50

（5）选择画中画轨道，适当调整其持续时长，在素材调整区中单击"混合模式"选项框，选择"滤色"选项，去除粒子素材中的黑色部分，如图9.51所示。

图　9.51

提示：使用剪映的"滤色"混合模式，可以让画中画轨道中的画面变得更亮，从而去掉深色的画面部分，并保留浅色的画面部分。

（6）选中粒子素材，在播放器的显示区域中调整好粒子素材的大小和位置，使粒子素材覆盖在文字上面，如图9.52所示。

图　9.52

（7）播放预览视频，查看文字消散效果，如图9.53所示。

图　9.53

9.3.2　制作片头镂空文字

视频

镂空文字的制作主要使用剪映的混合模式、文本动画以及关键帧功能，下面介绍具体的操作方法。

（1）在剪映中的素材库中添加一张黑色图片到视频轨道中，如图 9.54 所示。

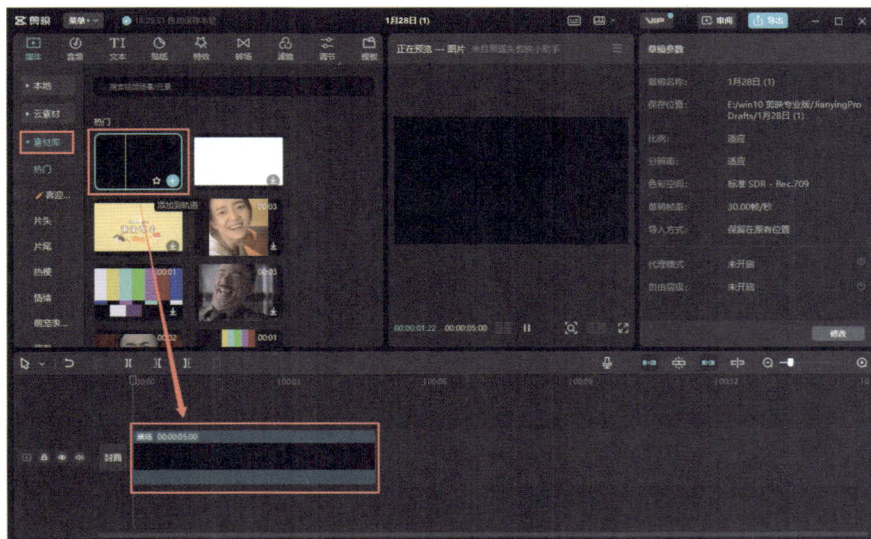

图　9.54

（2）在时间线的起始位置处添加一个文本轨道，输入相应的文字内容。在文本编辑功能区中设置字体和字号的参数，使文字占据画面中心位置，如图 9.55 所示。

图　9.55

（3）在时间轴中选中文字素材，将素材的持续时长延长至 4s；选中黑场素材，将素材的持续时长缩短至 4s，使其长度与文字素材保持一致，如图 9.56 所示。

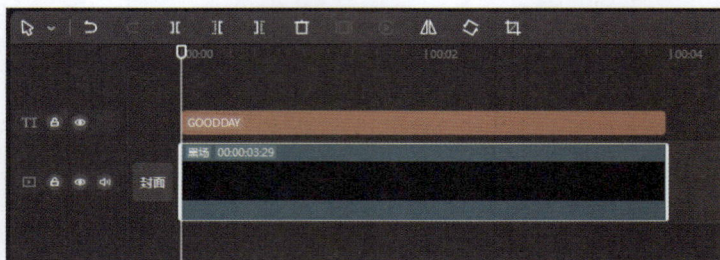

图　9.56

（4）选中文字素材，将时间线移动至 0.5s 的位置，在文本编辑区中单击"缩放"选项旁边的按钮◇，为视频添加一个关键帧。然后将时间线往后移动到 4s 的位置，在文本编辑区中将"缩放"选项的数值调整到 500，此时剪映会自动再创建一个关键帧，如图 9.57 所示。完成上述操作后，单击"导出"按钮，将视频导出。

图　9.57

（5）在剪映中新建一个项目，导入一段背景视频素材并将其添加至时间轴中；再导入上述黑场视频并将其添加至画中画轨道；在"混合模式"选项区中选择"变暗"选项，如图 9.58 所示。

（6）完成所有操作后，播放预览视频，查看镂空文字效果，如图 9.59 所示。

9.3.3　制作卡拉 OK 文字效果

卡拉 OK 文字的制作主要使用剪映的混合模式、文本动画以及关键帧功能，下面介绍具体的操作方法。

视频

图　9.58

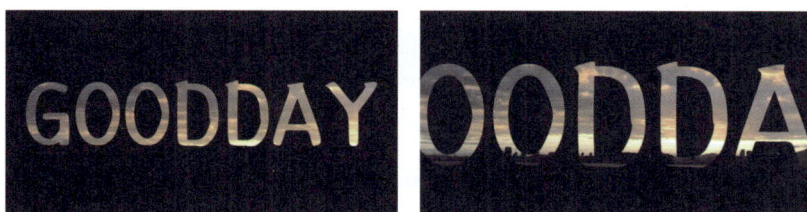

图　9.59

（1）在剪映中导入视频素材并将其添加至时间轴中，在音频轨道中添加一首合适的背景音乐，并调整好音乐素材的持续时长，使其长度和视频素材的长度保持一致，如图 9.60 所示。

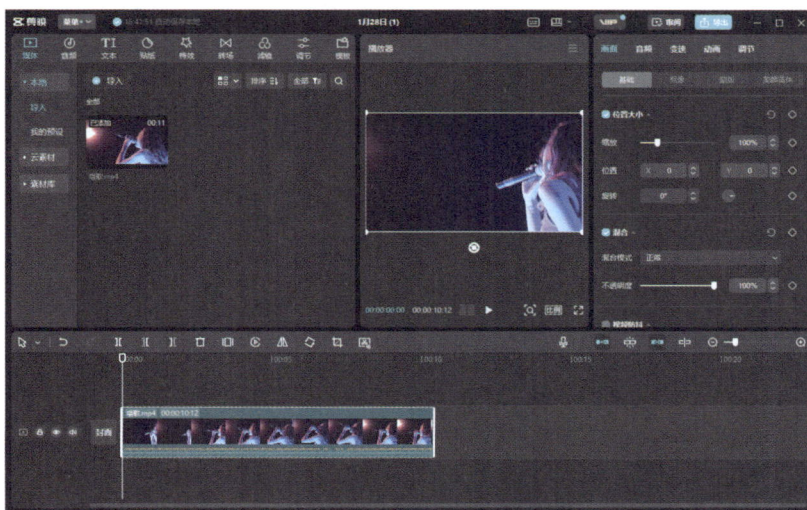

图　9.60

（2）单击"文本"按钮 TI，切换至"识别歌词"选项，单击"开始识别"按钮，如图 9.61 所示。

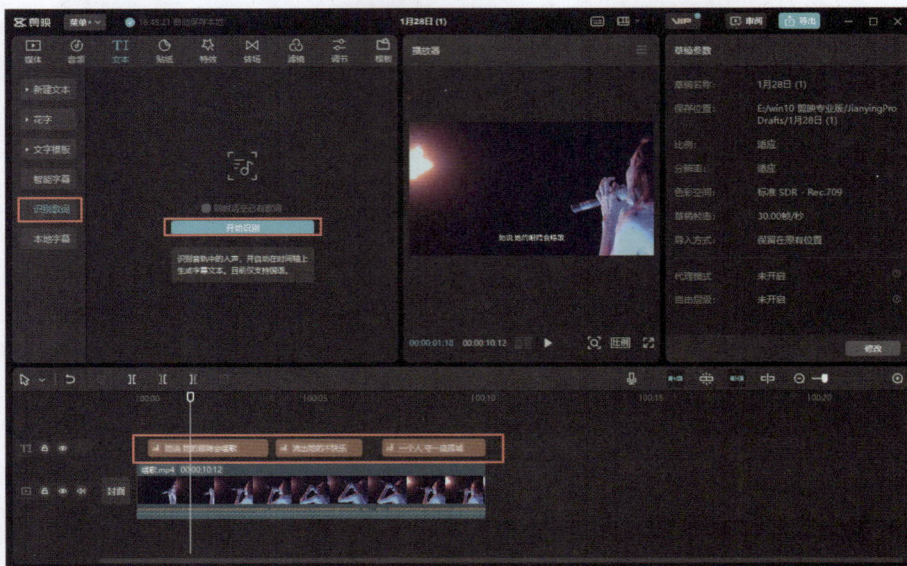

图 9.61

（3）稍等片刻，轨道中即可自动生成对应的歌词字幕，如图 9.62 所示。

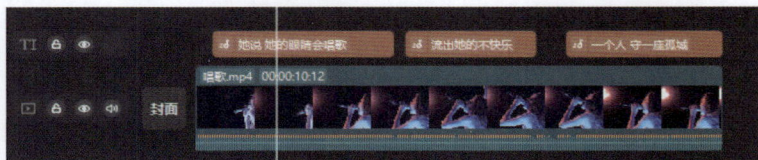

图 9.62

图 9.63

（4）选择任意一段字幕素材，在播放器的显示区域中调整好文字的大小和位置，如图 9.63 所示。

（5）选中第一段文字素材，单击"动画"按钮，在"入场"动画中选择"卡拉 OK"选项，并拖动"动画时长"滑块，将其数值拉至最大，如图 9.64 所示。

（6）参照步骤(5)的操作方法，为其他歌词内容添加"卡拉 OK"文本动画效果，如图 9.65 所示。

（7）播放预览视频，查看制作的卡拉 OK 文字效果，如图 9.66 所示。

使用剪映的"卡拉 OK"文本动画，可以制作出像真实的卡拉 OK 中一样的字幕动画效果，歌词字幕会根据音乐节奏一个接着一个慢慢变换颜色。

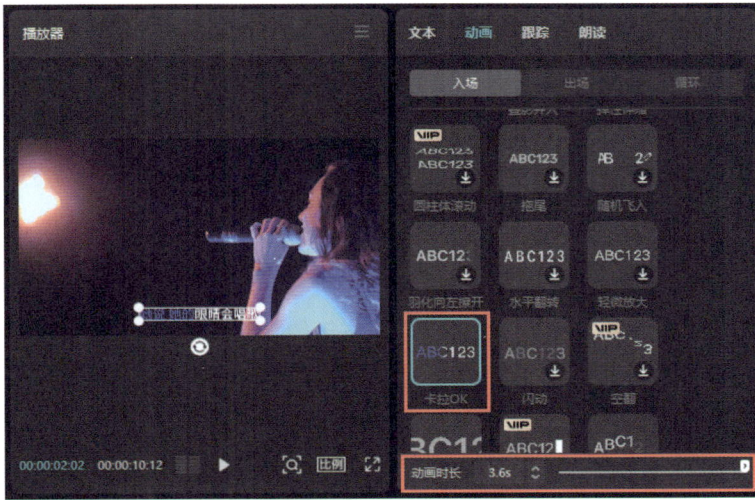

图　9.64

图　9.65

图　9.66

第 10 章

短视频的专业调色效果

后期调色也就是对拍摄的视频进行调整，然后使视频的色彩风格一致，这是视频后期制作中的一个重要环节，但每个人调出的色调都不一样，具体的色调还得看个人的感觉，本章调色案例中的步骤和参数仅供参考，希望读者可以理解调色的思路，能够举一反三。

10.1 基本调色

调色通常可以分为两级：一级调色和二级调色。一级调色是整体色调，二级调色是局部色调。

10.1.1 确定视频的整体色调

一级调色就是定准，让白色是白色，黑色是黑色，也就是校色。一级调色包括调节色温、亮度、对比度、饱和度等参数，下面介绍具体的操作方法。

（1）在剪映中导入需要进行调色的素材，并将其添加到视频轨道中，如图 10.1 所示。

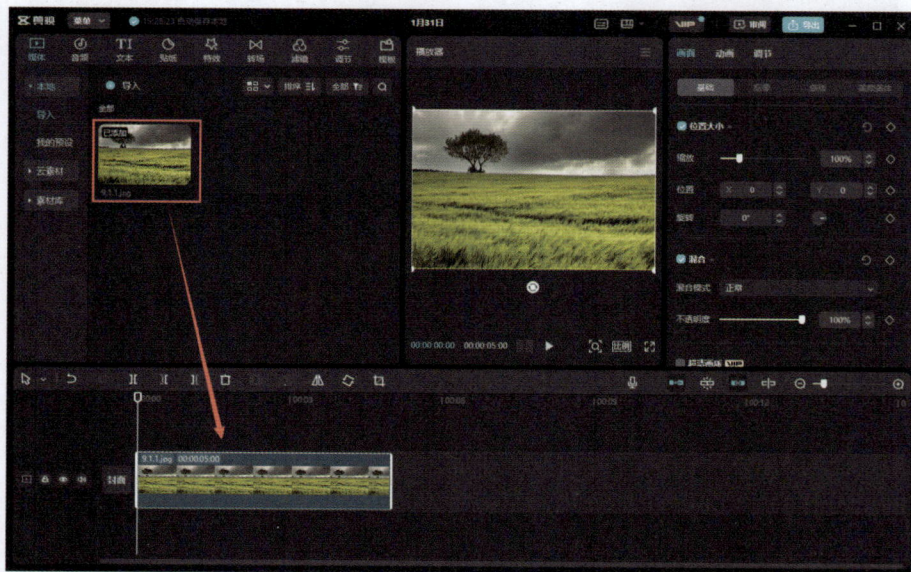

图　10.1

（2）选中视频轨道，单击"调节"按钮，切换至调节功能区，如图 10.2 所示。

图　10.2

（3）根据画面的实际情况，将色温、饱和度、亮度、对比度调到合适的数值，使画面变得比较清新通透，颜色更加鲜活，具体数值参考图 10.3。

图　10.3

（4）选用 HSL 功能辅助校正画面颜色，将画面中的橙色元素的饱和度数值调低至 −100，如图 10.4 所示。

（5）将黄色元素的色相数值设置为 50，绿色元素的色相数值设置为 50、饱和度数值设置为 50，使画面中的绿色更加鲜明，如图 10.5 和图 10.6 所示。

图　10.4

图　10.5

图　10.6

（6）一级调色完成后，查看画面效果，图 10.7 和图 10.8 为调色前后的对比图。

图　10.7

图　10.8

用户在制作调色类短视频时，可以用原视频和调色后的视频效果进行对比，这是比较常用的展现手法，通过对比能够让观众对调色效果一目了然。

10.1.2　使用滤镜进行风格化处理

二级调色主要调整的是高光、阴影等参数，通常还可以用到滤镜帮助做一些风格化处理，下面介绍具体的操作方法。

图像

（1）打开剪辑草稿，在一级调色的基础上，将高光的数值设置为 -10、阴影的数值设置为 -15、光感的数值设置为 -10，如图 10.9 所示。

图　10.9

对于未编辑完成的视频素材，剪映电脑版会自动将其保存到剪辑草稿箱中，下次在其中选择该剪辑草稿即可继续进行编辑。

（2）单击"滤镜"按钮，在"复古胶片"选项区中选择"普林斯顿"滤镜，添加至时间轴中，并适当调整滤镜素材的持续时长，使其长度和视频的长度保持一致；在"滤镜参数"中将滤镜强度的数值设置为 90，如图 10.10 所示。

（3）执行操作后，即可对画面进行风格化处理，图 10.11 和图 10.12 为调节前后的效果对比图。

图 10.10

图 10.11

图 10.12

10.2 视频调色应用

很多用户在对视频画面进行调色时，经常都会觉得无从下手，或者调出来的短视频色调与主体不符。本节将介绍 6 种调色效果，帮助用户更快、更好地掌握短视频的调色技巧。

10.2.1 打造二次元动漫风格色调

二次元动漫的色调整体上会给人一种唯美、治愈的感觉，而且整体的颜色明亮度是偏高的，让颜色有一种朦朦胧胧的感觉，下面介绍二次元动漫风格调色的具体操作方法。

（1）在剪映中导入需要进行调色的素材，并将其添加至时间轴中；单击"调节"按钮，切换至调节功能区，如图 10.13 所示。

（2）根据画面的实际情况，将饱和度、亮度、对比度、高光、阴影和锐化调到合适的数值，使画面的颜色更加鲜明，具体数值参考图 10.14。

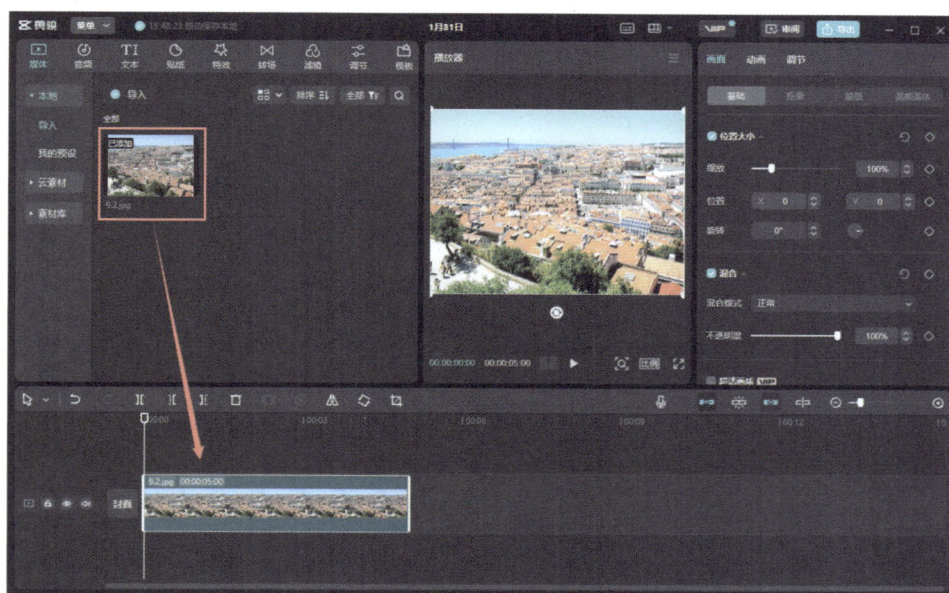

图　10.13

图　10.14

（3）单击"滤镜"按钮 ，切换至滤镜功能区，在"风景"选项区中选择"津蓝"滤镜，将其添加至时间轴中，并适当调整滤镜素材的持续时长，使其长度与视频的长度保持一致，如图 10.15 所示。

（4）执行操作后，预览画面效果，图 10.16 和图 10.17 为调节前后的效果对比图。

图 10.15

图 10.16

图 10.17

10.2.2　打造炫酷的科技感色调

科技感色调是网上非常流行的色调，画面以青色和洋红色为主，也就是说这两种色调的搭配是画面的整体主基调。下面介绍科技感调色的具体操作方法。

（1）在剪映中导入需要进行调色的素材，并将其添加至时间轴中；单击"调节"按钮，切换至调节功能区，如图 10.18 所示。

（2）根据画面的实际情况，将色温、饱和度、亮度、对比度、光感和锐化调到合适的数值，使画面的颜色更加透亮，具体数值参考图 10.19。

（3）单击"滤镜"按钮，在"夜景"选项区中选择"2077"滤镜；将其添加至时间轴中，并适当调整滤镜素材的持续时长，使其长度与视频的长度保持一致，如图 10.20 所示。

（4）执行操作后，预览画面效果，图 10.21 和图 10.22 为调节前后的效果对比图。

图像

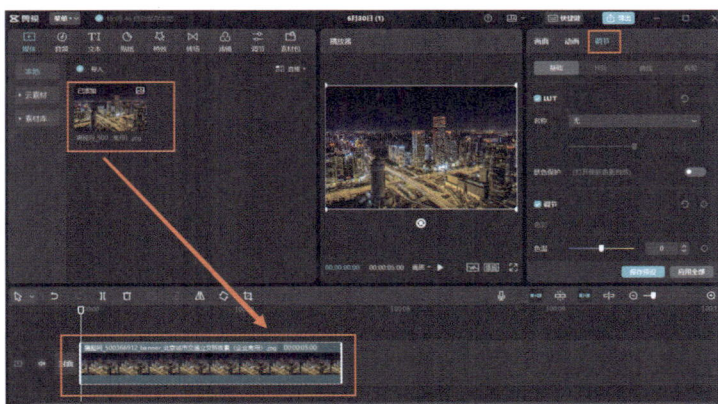

图　10.18

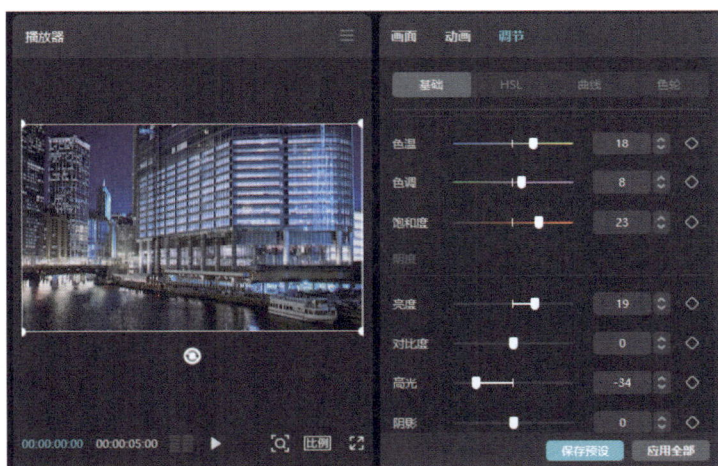

图　10.19

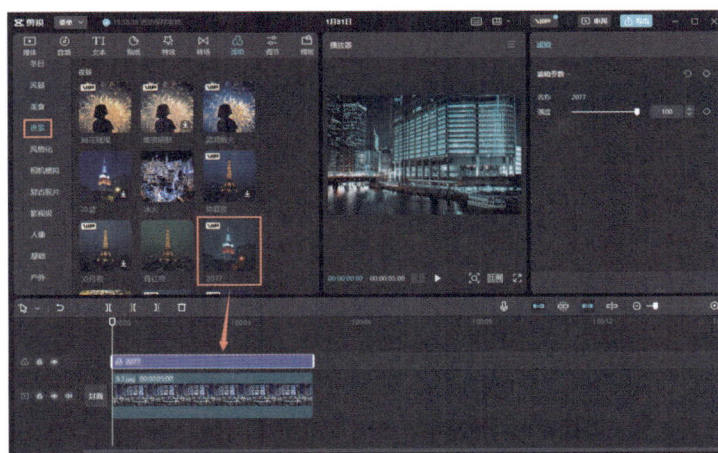

图　10.20

图 10.21

图 10.22

例如，本例使用的"普林斯顿滤镜"，它的特点是色调较暗，带有一定的复古气息，适用于表现复古贵族的氛围和一些古典建筑或者城市风光。

10.2.3 打造黑金色系色调

黑金色调是指整个视频画面的影调曝光比较暗，整体呈现暗色的影调，这是一款极具氛围感的色调，适用于都市街拍。下面介绍黑金色系调色的具体操作方法。

（1）在剪映中导入需要进行调色的素材，并将其添加至时间轴中；单击"调节"按钮，切换至调节功能区，如图 10.23 所示。

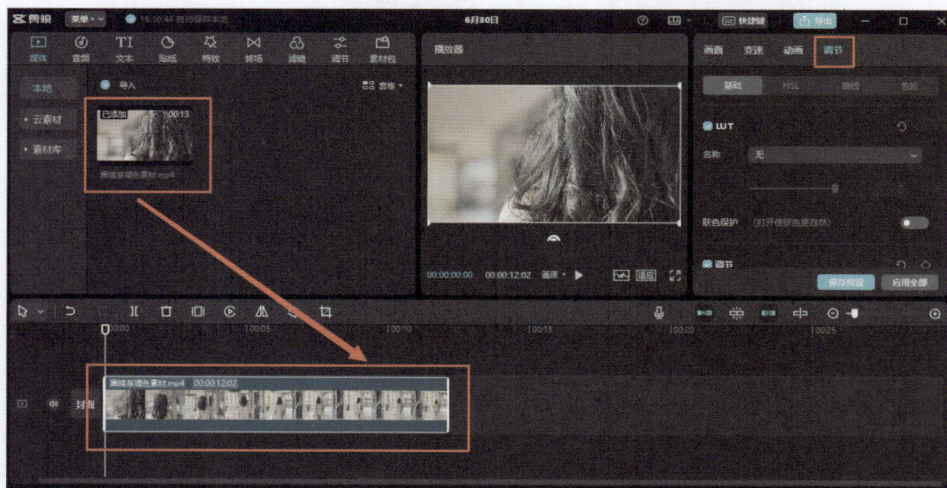

图 10.23

（2）根据画面的实际情况，将色温、色调、饱和度、对比度、高光、阴影和光感调到合适的数值，使画面更具氛围感，具体数值参考图 10.24。

（3）单击"素材库"，切换至素材库选项栏，从中选择"黑场"素材，将其添加至时间轴中，并移动至画中画轨道；调整好黑场素材的持续时长，使其长度与视频的长度保持一致。在画面调整功能区中将"不透明度"的数值设置为20%，如图 10.25 所示。

图　10.24

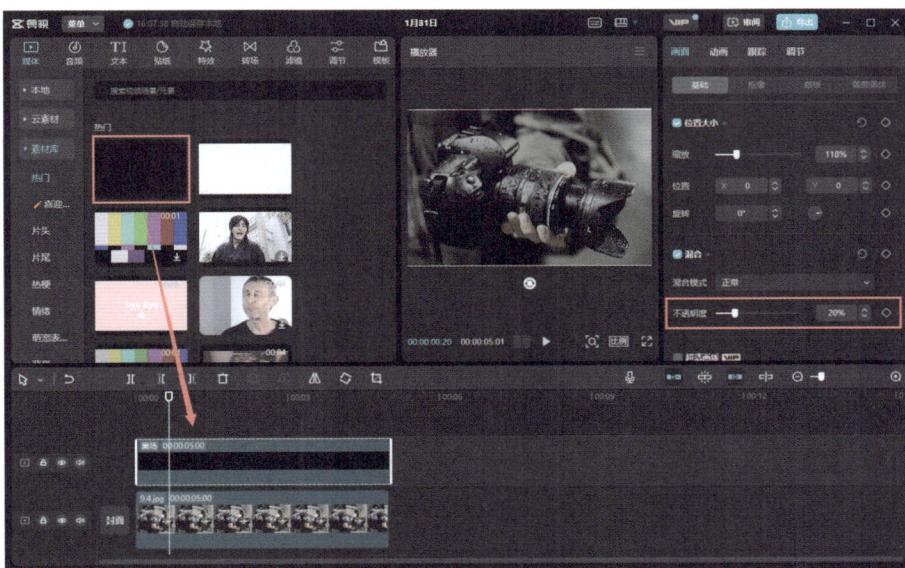

图　10.25

（4）单击"滤镜"按钮，在"黑白"选项区中选择"黑金"滤镜，将其添加至时间轴中，并适当调整滤镜素材的持续时长，使其长度与视频的长度保持一致，如图 10.26 所示。

（5）执行操作后，预览画面效果，图 10.27 和图 10.28 为调节前后的效果对比图。

10.2.4　打造影视大片色调

影视大片色调一直都是很受广大网友喜爱的色调，放在夜景、风光、肖像摄影中都十分好看，而且在很多电影中经常用来描绘壮观的场面。下面介绍影视大片调色的具体操作方法。

图像

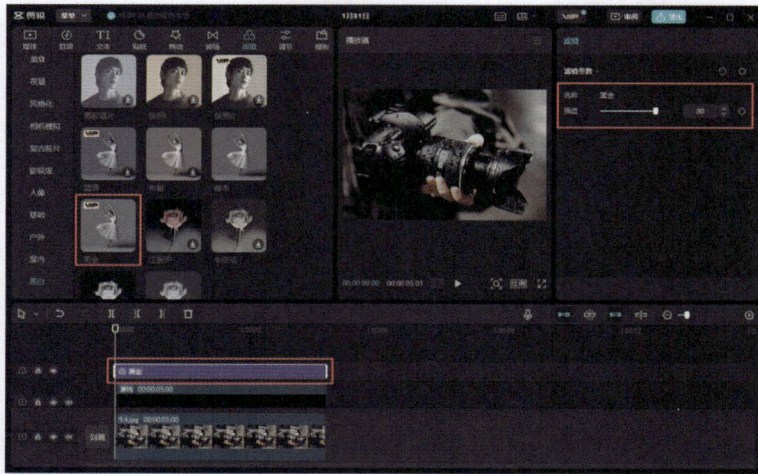

图　10.26

图　10.27

图　10.28

（1）在剪映中导入需要进行调色的素材，并将其添加至时间轴中；单击"调节"按钮，切换至调节功能区，如图 10.29 所示。

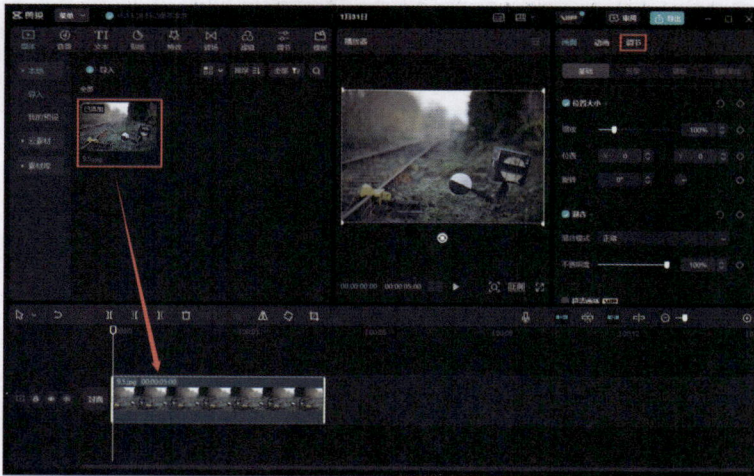

图　10.29

（2）根据画面的实际情况，将色温、饱和度、对比度、光感、锐化和暗角调到合适的数值，使画面更具氛围感，具体数值参考图 10.30 和图 10.31 所示。

图　10.30

图　10.31

（3）单击"滤镜"按钮，在"影视级"选项区中选择"青橙"滤镜，将其添加至时间轴中，并适当调整滤镜素材的持续时长，使其长度与视频的长度保持一致，如图 10.32 所示。

（4）执行操作后，预览画面效果，图 10.33 和图 10.34 为调节前后的效果对比图。

10.2.5　打造森系色调

森系是指贴近自然，素雅宁静，有如森林般纯净清新的感觉。森系风格也是时下非常流行的一种风格，下面介绍森系调色的具体操作方法。

图像

（1）在剪映中导入需要进行调色的素材，并将其添加至时间轴中；单击"调节"按钮，切换至调节功能区，如图 10.35 所示。

图　10.32

图　10.33

图　10.34

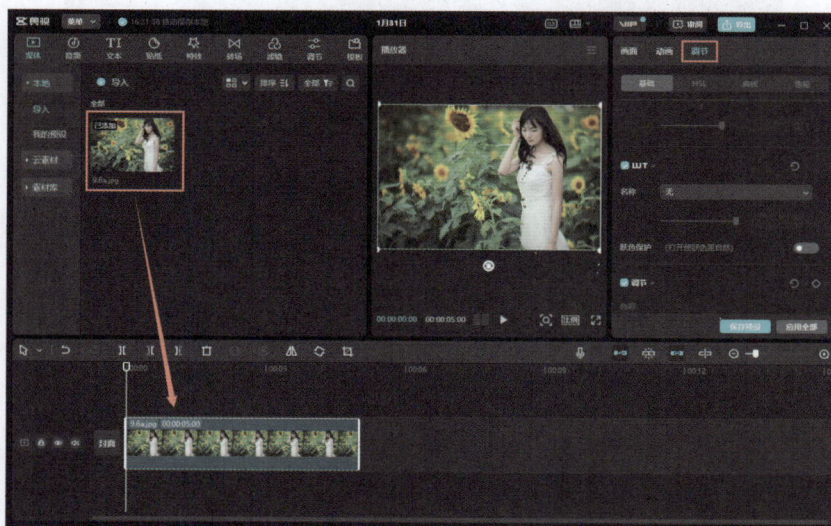

图　10.35

（2）根据画面的实际情况，将色温、色调、饱和度、亮度、对比度、锐化和暗角调到合适的数值，使画面的颜色更加鲜明，主体更加突出，具体数值参考图 10.36 和图 10.37 所示。

图　10.36

图　10.37

（3）单击"滤镜"按钮，在"风景"选项区中选择"京都"滤镜，将其添加至时间轴中，并适当调整滤镜素材的持续时长，使其长度与视频的长度保持一致，如图 10.38 所示。

（4）执行操作后，预览画面效果，图 10.39 和图 10.40 为调节前后的效果对比图。

10.2.6　打造柯达胶片人像色调

柯达胶片的画面一般都带有泛黄旧照片的感觉，光晕柔和，饱和度高，一般呈现出暗红、橘黄、蓝绿色调，一看就有故事的感觉，下面介绍柯达胶片调色的具体操作方法。

（1）在剪映中导入需要进行调色的素材，并将其添加至时间轴中；单击"调节"按钮，切换至调节功能区，如图 10.41 所示。

图像

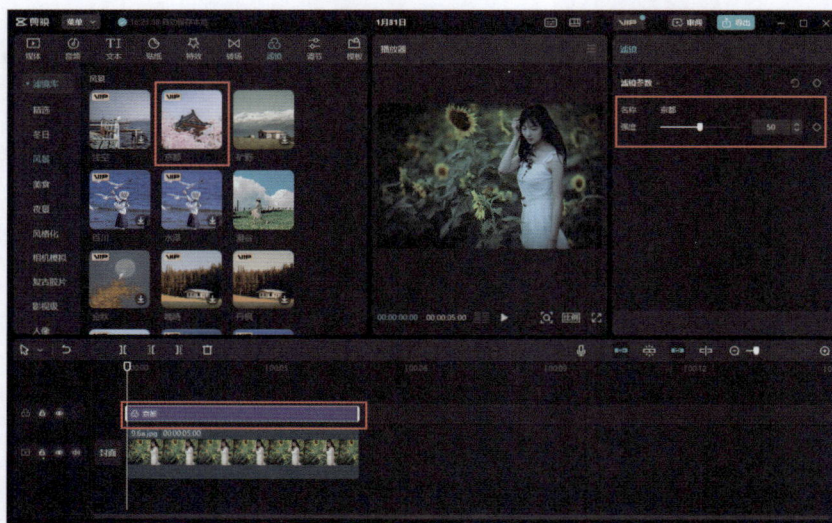

图 10.38

图 10.39

图 10.40

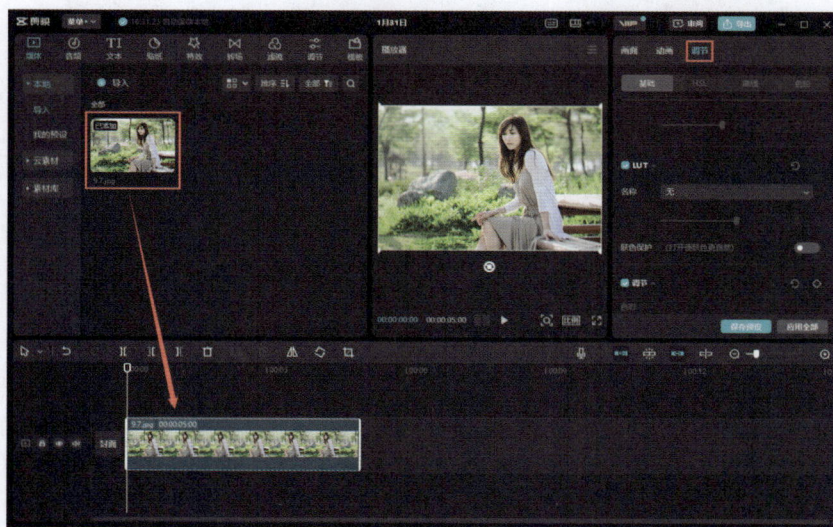

图 10.41

（2）根据画面的实际情况，将亮度、对比度、阴影和暗角调到合适的数值，为画面营造一种复古的氛围感，具体数值参考图 10.42。

图　10.42

（3）单击"素材库"，切换至素材库选项栏，从中选择"白场"素材，将其添加至时间轴中，并移动至画中画轨道；在播放器中调整好白场素材的大小，使其覆盖住视频画面，如图 10.43 所示。

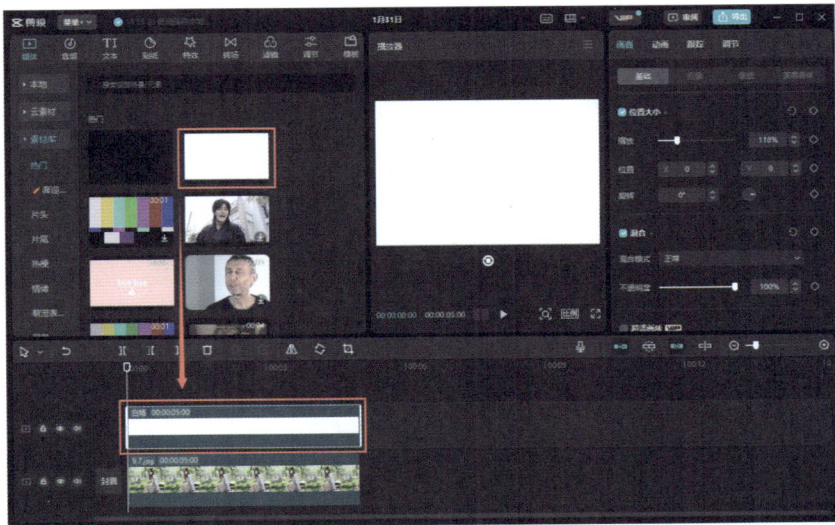

图　10.43

（4）在画面调整功能区中将"不透明度"的数值设置为 20%，如图 10.44 所示。

（5）单击"滤镜"按钮 ⟨⟩，在"复古胶片"选项区中选择"港风"滤镜，将其添加至时间轴中，并适当调整滤镜素材的持续时长，使其长度与视频的长度保持一致，如图 10.45 所示。

图　10.44

图　10.45

（6）执行操作后，预览画面效果，图 10.46 和图 10.47 为调节前后的效果对比图。

图　10.46

图　10.47